インプレスR&D［NextPublishing］ 

OnDeck Books
E-Book / Print Book

ボカロビギナーズ！

ボカロでDTM入門 第二版

gcmstyle（アンメルツP） 著

一直線にオリ
1曲を完成しよ

impress R&D
An impress Group Company

まえがき

音楽制作、DTM、VOCALOIDを解説した数ある本の中から、本書を手に取って頂きありがとうございます。

筆者は2002年より学生のかたわらDTMを始め、その後VOCALOIDと出会い、2008年から「アンメルツP」という名前でインターネット上で音楽活動をしております。この10年間でオリジナル・カバー曲を合わせて、100以上の作品を発表してきました。その中で、自主制作（同人）でCDを企画、発行するなど活動を広げ、多くの才能あるクリエイターや友人にも出会うことができました。

専門的な音楽教育は受けておらず、今でも楽器は満足に弾けないのですが、このような多くの体験ができたことは、間違いなくDTM、VOCALOIDという趣味があったからだと思っております。

本書は、主にかつての自分と同じような、学生や社会人、あるいは主婦のような、本業を持つ方に向けて、趣味として曲を作る楽しさを広めたいと思い、執筆致しました。

本書の目指すところは、「音楽制作、DTMという趣味を一生モノとして楽しむこと」です。音楽の世界にも、ゴルフや将棋のように、プロにはならなくてもその趣味を楽しんでいる方々が大勢います。有名なクリエイターにならなくても、動画サイトに作品をアップすらしなくても、曲を作ることができれば、ちょっと毎日が楽しくなるというメッセージをお届けしたいと思っています。

同人誌として執筆した『ボカロビギナーズ！』シリーズを、NextPublishingでの出版にあたり再編集し、2015年に発行した『ボカロビギナーズ！ボカロでDTM入門』は、おかげさまで好評を頂きました。

前書から3年ほどが経過しましたが、その間にも、DTM・VOCALOIDをとりまく環境や文化は日々変わり続けています。スマートフォンやタブレットを用いたモバイルDTMの急速な普及、VOCALOIDの最新バージョン「VOCALOID5」の登場、「バーチャルYouTuber」の隆盛などバーチャルキャラクター文化の一般化はその一例です。そこで、本書ではそれら最新情報のキャッチアップを行ったほか、既存の原稿も見直しを行い、読むと一直線にオリジナル曲1曲を完成できることを目標に再構築を行いました。

本書で、音楽制作やDTM、VOCALOIDの本質的な魅力が伝われば幸いです。

2018年11月4日　gcmstyle（アンメルツP）

■ニコニコ動画掲載作品の視聴方法

本文中で曲名に併記している「sm～」で始まる英数字は、「ニコニコ動画」の動画IDです。動画のURLは、「https://www.nicovideo.jp/watch/」に続けて動画IDを入力したものになります。

例えば「偽りの勇者、偽りのセカイ（sm17308586）」と紹介されている動画を視聴するには、次のURLへアクセスしてください。

https://www.nicovideo.jp/watch/sm17308586

目次

1

第1章　知識編

1-1　DTMとは何か

■楽器が弾けなくても、才能がなくても、曲は作れる

DTMとは「デスクトップ・ミュージック（DeskTop Music）」の略称で、パソコンを使用して音楽を制作する行為を示した和製英語です。

音楽制作をするためのソフトウェア（アプリケーション）や、ソフトウェア音源などを活用し、楽器ごとに音程・長さのデータを打ち込んでいったり、自分や他人が録音した音を切り貼りしたり、その音をきれいに整えたりして、1つの曲を完成させます。

皆様は「楽器が弾けなければ曲作りはできない」「音楽を作れるのは才能のある限られた人だけだ」と思い込んでいませんか？

筆者はこれまで100曲以上の楽曲を制作し、ネット上に発表してきましたが、いまだに楽器は満足に弾けません。音楽教育を受けた記憶といえば学校の音楽の授業だけでしたし、活動初期にはボーカリストや演奏家の知人もほとんどいませんでした。そのような私が音楽を制作して活動できているのは、間違いなくDTMのおかげです。

パソコンの性能向上により、音楽制作ソフトはより多くの音を同時に鳴らしても処理に耐えられるようになり、ソフトウェア音源はよりリアルになりました。

さらに2000年代以降、楽器の中では再現や合成が非常に難しいとされてきた「人間の声」も、（まだ聴き慣れない方には多少の違和感はあっても）メインボーカルとして十分に成立するほどのクオリティに達しています。

その人間の声を再現・合成するソフトウェア音源の代表的な存在が、ヤマハが開発した音声合成技術「VOCALOID（ボーカロイド）」を活用した、「初音（はつね）ミク」などのVOCALOID音源です。VOCALOIDに関する詳しい説明は、次節1-2「VOCALOIDとは何か」で行います。

ネットワークの性能も向上し、「YouTube」や「ニコニコ動画」に代表される動画投稿サイトや、「SoundCloud」などの音楽投稿サイトなど、DTMで制作した作品を気軽に公開できる環境も近年は整いつつあります。

楽曲を制作・発表するには、以前は、人間の演奏や声を用意し、完成した楽曲を流通ルートに載せて売り出すなど、企業の資本と多くの人間がかかわることが一般的でした。しかしDTMをとりまく環境の発達により、その制作から発表までが、1人のクリエイターと1台のパソコン

だけという、比較的少ないコストと労力で完結できるようになったわけです。

■DTMという趣味の普及について考える

1人で気軽にできるようになったことで、音楽制作・DTMという趣味は、ネット上を中心に少しずつ広まりを見せてきてはいますが、まだ一般に普及しているとは言いがたい段階にあります。

筆者は、DTMという趣味が将来的に、ゴルフやフィッシング、将棋のような感覚で普及していけばいいのではないかと思っています。スポーツをする、ゲームをするという感覚で、曲を作るという趣味が一般にも浸透していけば、世の中は少し変わるのではないかと本気で思っています。

ここ数年の『レジャー白書』(日本生産性本部編)によると、近年の日本のゴルフ、フィッシング、将棋の人口は、それぞれ600〜900万人前後で推移しているようです。

それに対し、DTMソフトとしては空前のヒットとなったVOCALOID「初音ミク」の売り上げは、最初のバージョンが発売された2007年からの10年間で11万本以上とはなっていますが、そこから推計するとDTMを趣味とする方は多く見積もったとしても数十万人に満たない規模と思われ、残念ながら「一億総クリエイター時代の到来」は、まだまだ幻想の産物であると言わざるを得ません。

その一方、楽器演奏を趣味とする方は数百万人、カラオケ人口は3,000〜4,000万人ほどだそうで、音楽が好きな人自体はたくさんいらっしゃるようです。ですから、そういったもともと音楽が好きな方たちを、いかに「自分から音楽を作ってみる」という趣味に取り込んでいくかが、今後のDTM業界の課題なのではないかと思います。

例としてあげたゴルフやフィッシング、将棋などに共通した特徴には、次のようなところがあるでしょう。

・ゴルフクラブや釣り具など、趣味を楽しむために数万円する道具が多く売れている
・比較的年齢層の高い方も楽しめる
・プロのプレイヤーや、その周辺で携わる人など、それだけで生活できる人がいる
・その一方、大勢のアマチュアが(特にプロを目指すのではなく)趣味として楽しんでいる
・職場や同志など、広くコミュニケーションツールとして成立する

ゴルフや将棋を趣味としてやっている人は、全員がプロになろうと思っているわけではありません。むしろ、**自分が上手くなったという達成感**や、**趣味を通じた知人とのコミュニケーション**を楽しんでいます。それがなぜか音楽制作になると「メジャーデビューを目指す」というような方向性で見られてしまいがちですが、趣味としての音楽制作はそういう方向性だけがゴー

ルではありません。

友人やネット上の知人に、気軽に作った作品を聴かせる。卒業式や送別会、友人の結婚式のための曲を書く。バンドを組むような感覚で、曲を作る学生が絵を描く友人と創作ユニットを組む。高齢者が老後の楽しみとして曲作りを始める……。

個人的にはむしろ、時間やお金に余裕がある年配の方にこそ、趣味としての音楽制作やDTMが普及してほしいと思っています。自宅でできるので体力はさほど必要としませんが、脳は使う趣味です。数十年生きてきた経験や知恵を今こそ使って、次の世代へ伝えるべきメッセージを、音楽として残してほしいという思いがあります。

もちろん、性格によっては曲作りという趣味がどうしても合わない方や、曲を作るよりは絵を描くなど、VOCALOIDに他の創作で関わるほうが向いているという方もいらっしゃることでしょう。でも、できれば食わず嫌いではなく、ちょっと実際にやってみてから判断してもいいのではと思っています。

そのためには、「曲作りはなんだかとてもハードルが高くて難しいもの」というイメージを壊さなければなりません。本書はそのために書いた本です。

音楽制作やDTMには専門用語も多く、Googleなどで検索しようとしてもどのようなキーワードで検索すればよいのか、そこまでたどり着けない、わからないという方も実際多いと思います。本書は、そのような方のための本を目指しました。曲作りを楽しむための助けになれば幸いです。

1-2 VOCALOIDとは何か

■人間の声とはまた違う、新たな選択肢

「VOCALOID」は、ヤマハが開発した音声合成技術です。声優や歌手など、実際の人間の声を元にして、専用のソフトウェア上で歌詞とメロディを入力することによって、あたかも人間が歌っているかのような歌声を合成できます。

VOCALOID技術そのものは2003年に発表されたものの、しばらくはDTMを楽しむ人の間で局地的な話題になるにとどまっていましたが、2007年「初音ミク」の発売をきっかけに、ネット利用者の間に広く知れ渡ることになりました。

「初音ミク」は、クリプトン・フューチャー・メディア社（以下「クリプトン」）がVOCALOIDに関する技術をヤマハとライセンス契約して開発した、キャラクター設定を伴うVOCALOID音源です。ヤマハは国内・海外を問わず多くの会社と同様のライセンス契約を交わしており、これまで「初音ミク」以外にも合計70以上のVOCALOID音源が開発・発売されています。

VOCALOIDを使用した楽曲が「ニコニコ動画」（https://www.nicovideo.jp）などの動画投稿サイトに公開されると、それに第三者がイラストや動画をつけたり、人間が歌ったり、振り付けをつけて踊るなどの派生動画が作られ、主にアマチュアクリエイターが創作の主役となる独自の文化を形作っています。クリプトンをはじめとする多くのVOCALOID音源メーカーが、非営利での創作活動や同人活動に関して寛容な姿勢を打ち出していることもそれを後押ししています。

その一方で、特に人気の出た曲はメジャーレーベルによってCDや音楽ゲームに収録されたり、小説化や漫画化がされるなど、商業展開の声がかかることもあり、まだ世に知られざる才能を発掘する、ある種の「場」としても機能しています。

人間の声とはまた違う、新たな選択肢。プロの方から趣味で活動する方まで、老若男女分け隔てなく、音楽のある生活に彩りを添え、可能性を広げてくれる存在。それがVOCALOIDです。

■「ボカロ曲」と「ボカロP」

VOCALOIDを使用した主にオリジナルの曲を指して「ボカロ曲」、VOCALOIDを使用して楽曲を制作する人を「ボカロP」と呼称することがあります。「ボカロ」は「ボーカロイド」、「P」は「プロデューサー」の略称です。「ボカロP」は単に「P」と呼ばれることもあります。

ニコニコ動画へアクセスし、「ミクオリジナル曲」のキーワードでタグを検索すると、執筆時

点で84,000以上の動画がヒットしました。初音ミクだけでその数ですので、VOCALOID全体となると想像もできないほどのボカロ曲がこれまでに発表されていることになります。

■ボカロ曲を作ることの魅力とは何か

本書を手に取った方の中には、普段からボカロ曲を聴くことにある程度なじみがあるものの、自分では曲を作ったことのない方も多くいらっしゃることでしょう。

筆者が本書で言おうとするメッセージは、**「音楽（ボカロ曲）作るのって楽しいよ！　だからみんな作ってみようよ！」**ということがすべてです。ですから、「そもそもそれって何が楽しいの？」という自然な疑問には答える必要があるのではないかと思います。

◆VOCALOIDが歌ってくれる

ボカロ曲は、VOCALOIDが歌ってくれます。ボカロ曲を作るんだから当たり前だろうと言われそうですが、とても重要な要素です。

昨今はキャラクターグッズなども数多く発売されてはいますが、**VOCALOIDはどこまで行っても、その本質は「歌声合成ソフト」です**。VOCALOIDを操作する画面はとても味気ないのですが、いざ自分が書いた歌詞をその通りに歌ってくれたときの**「何かに承認された感覚」**は本当にすごいものがあります。これは曲を公開する・しない以前の段階ですでに得られる快感であり、この感覚は、たぶん一度体験してみないとわからないのではないかと思います。

また、VOCALOIDのキャラクターが好きな人は、オリジナル曲を作るまでに至らなくても、自分の好きな曲を好きなVOCALOIDにカバーさせてみたり、簡単なセリフをしゃべらせてみる（トークロイド）だけでもすごく楽しめると思います。

以前、ニュースサイト「ガジェット通信」が、あるアンケートを実施しました。

> 「もし初音ミクが彼女だったら何して欲しい？何してあげたい？」
> 1位：歌って欲しい 337（33.7%）
> 2位：デートする 291（29.1%）
> 3位：一緒にお風呂に入る 278（27.8%）
> （http://getnews.jp/archives/235726 より）

1位の夢は、いつでも叶えることができますよ。

そう、VOCALOIDならばね。

Twitterのタイムラインなどで他人からどんなに「初音ミク（もしくはその他のVOCALOID）は俺の嫁」と宣言されようとも、自分のパソコンの中にVOCALOIDをインストールして曲を歌わせ続けている限りは、そのVOCALOIDは永遠に「俺の嫁」と言えるでしょう。

◆自分の思いやイメージを、パッケージにして伝えることができる

リアルタイムでのコミュニケーションに苦手意識を感じている方（筆者含む）であっても、音楽というツールは、自分がそのときに抱いた感情や妄想、主張といったものを、数分間の音と歌詞に閉じ込めて伝えることができます。それは、誰がいつ聴いても変わるものではなく、常に自分のそのときの気持ちがパッケージ化されているものなのです。

自己満足で作っても全然かまわないと思います。でもそれがうまく他の人に届けば、笑ったり泣いたりと、感情を動かすかもしれません。もしかしたらその作品を歌ってもらえたり、踊ってもらえたり……。そのようにして、そこに自分の音楽があることによって、それに関わった人の明日が、少しだけ変わっていくかもしれません。

これは他の創作にも言えるのでしょうが、「形として永遠に残る」という点は重要です。それこそ、平安時代に無名の一般人が詠んだ短歌が『万葉集』というかたちで千数百年後に伝わっているように、地域の民謡が次の世代に伝わっていくように、あるいは数百年前にヨーロッパで当時流行した最先端の音楽が、遠く離れた現代の日本で「クラシック」と呼ばれて教科書に載っているように、肉体はなくなっても、作品があれば、その精神性は後生に語り継がれるのです。

◆「ボカロ曲である」という理由だけで、とりあえずは聴いてもらえる

ボカロ曲の音楽ジャンルは本当にさまざまで、ポップスやロックなど一般的なものから、EDM（Electronic Dance Music）などのクラブ系、ヒップホップやR&B、ジャズやクラシック、実験的な作品など、あげればキリがありません。

しかし、とりわけニコニコ動画においては音楽ジャンルを問わず「ボカロ曲である」という理由だけで、熱心な一定数のボカロファンが聴いてくれる環境があります。ちゃんと見てもらう努力さえすれば、100～300回は必ず再生されます。そこから新たな交流や、次の活動へのヒントが生まれることもあります。

◆友人が増える

作品に共感してくれた方というのは、やはり案外似たような感性を持っていることが多くあります。また、イラストや動画の制作者、歌い手など、別のジャンルの創作に携わる方と知り合う機会も多く、作品そのものからも、その作り手の人間性にも非常に刺激を受けることも多くあります。

VOCALOIDという共通の象徴があるからこそ、これらの人々が自然につながるような仕組みが形成されていると思います。

1-3　音楽に対する向き合い方を考える

■音楽という芸術を作ること　――「いい曲」とは何か

先ほど趣味としてのDTMの普及の話で、ゴルフや将棋を引き合いに出しました。では、これらの趣味とDTMとの決定的な違いは何でしょうか。それは、DTMを通して作る音楽というものは、**自らの思想を表現する手段のひとつであり、芸術（アート）に分類される**ということです。

スポーツやゲームはどちらも一定のルールをもとに実力を競うものです。ゴルフであれば、技術や体力、精神力、あるいは将棋であれば、読みや駆け引きを行う頭脳。それらの要素でより上回った人が、勝者となり評価される仕組みとなっています。練習をすればするほど、スコアや勝率は高まっていくでしょう。

その一方で、音楽というのは、必ずしも制作技術が高いからといって作った作品の評価が高くなる、あるいは「いい曲」になるとは限りません。子供が何気なく画用紙に描いた落書きが、時として深く大人の心に響くように、芸術というものは作り手のほかに必ず受け手が存在して評価することで成立するものだからです。

スポーツでは観客がいようがいまいが、ルールの中で他の競技者に勝った者が絶対的な勝者です。しかし、芸術の評価は受け手が好きか嫌いか、あるいは受け手がいかにその作品から影響を受けたかというところで、成功したかどうかが決まります。しかも、作品によっては必ずしも万人に好かれることや、ポジティブな影響を受けたことが成功とは限らないのが厄介なところです。

商業音楽であれば継続的な利益が出せれば成功という評価基準もありますが、アマチュアではその要素もさほど重要ではありません。

「いい曲」というのは、突き詰めれば**「聴いた俺が好きか嫌いか」という受け手の主観**に辿（たど）り着きます。同じ曲が与えられても、それが“刺さる”か“刺さらない”かは、受け手の環境や経験、持っている情報にもよります。

例えば、「あなたに逢いたい」と歌い上げるラブソングひとつとったとしても、「今の状況に合いすぎていて共感した」「失恋したばかりなので、この曲は自分にとっては辛（つら）すぎる」「リア充爆発しろ」「曲はともかく売り方が気に入らない（これは音楽以外の情報によって音楽が評価されている例です）」など、その反応はさまざまです。

ニコニコ動画で「いい曲」であることを示すひとつの指標として、「マイリスト率」というものがあります。これは再生数に対する、マイリストに登録された数の割合を指すもので、例えば再生回数が10,000で、2,000のマイリストに登録されれば、この曲のマイリスト率は20％となります。この数字が高ければ高いほど、「この曲は自分が好きになる可能性が高い曲である」ということを意味し、その曲を聴いてみるかどうかの事前の手がかりとして役に立ちます。

しかし、あくまで「可能性が高い」だけであって、実際に聴いて好きになった・ならないとはまったく違います。本来、個人の好き嫌いでしか測れない「いい曲」という判断基準なのに、その意思が集団になると「マイリスト率」という「いい曲度」の表現ができてしまうことには、なんとも言えない数字の残酷さを感じます。

この「音楽は芸術である」という点が、音楽制作という趣味を非常に面白いものとしている理由でもあり、同時につらくしている部分ともなっています。

「いい曲」が受け手の主観で決まる以上、アマチュアが作った曲が、プロの作った曲より高く評価されることは往々にしてありえます。ゆえに、人気を得る曲を作ることのできるチャンスは誰にでも平等に与えられています。

例えば、他に本業があるからこそ書ける、あるあるネタ。失うものが何もないから書ける、強烈なメッセージソング。昨日見た、頭からどうしても離れない夢から誕生した物語曲。何か月もの時間と愛情を費やした「神調教」カバーなど……。アイデアと努力しだいで、あなたの音楽が多くの人々の心や体を動かすことになるかもしれません。

しかしその裏返しとして、勉強して技術を上げたとしても、それが作品の評価に直接結びつくとは限らないというのが厄介なところです。

もちろん、音楽制作にあたってのセオリーや定石を学んだり、作品づくりを通して少しずつ表現技法を高めていったりすることで、「打率」を上げることができるとは思います。ただし、その過程では「○○さん成長したなあ」という嬉しい反応がある一方で、「荒削りな前のほうが良かった」と言われることもあるでしょう。あるいは、大衆のニーズと、自分のやりたい方向性にギャップを感じて悩むこともあると思います。これは、ヒットをいくつか出した後にありがちな現象です。

また、活動を続けていてもなかなか評価されない状況が続くと、他の作品や作者に対する嫉妬（しっと）心や、逆に自分を責めるといったネガティブな感情が生じやすいという面は否定できないところがあると思います。

「ただ与えられた音楽を聴いて、ああだこうだと勝手なことを並べて今日を過ごすほうが結果的には幸せに生きられるのかなあ」と思うこともあります。スポーツ等でもスランプ時にはありえる状況でしょうが、他者が評価を決める芸術においては、この傾向がより顕著に現れると感じています。

時として、それらの状況に向き合う精神力も表現者には必要です。「作り手の自分」と「聴き手の自分」をうまく自分の中で分離させたり、ネガティブなエネルギーを新しい創作に転換させたり、あるいは義務でやっているわけではないのでしばらく距離を置いてクールダウンしてみたり。自分なりにうまくストレスをコントロールしていく方法を見つけることが、結果的に活動を長続きさせることにつながるのではないかと思います。

また、プロとアマチュアの垣根があいまいなぶん、自分もプロに手が届く領域なのではと錯覚することもありがちです。確かに単体の成果物、アウトプットとしてできあがったものだけを見ると、プロとアマチュアではほとんど遜色ないものも多く、事実ニコニコ動画では区別がつきません（つける必要もありませんが）。

しかしながら、現代の日本で生活を維持するためには少なくとも年収200万円くらいは必要です。音楽制作のみで生活していくためには、単に曲を作る以上に、制作速度、相手のニーズを的確に読み取る能力、忍耐力などが求められます。1か月かけて作った渾身の曲が5万円で売れたとしても、それでは生活を続けることはできません。

1年に数曲〜十数曲をコンスタントに制作して長く活動を続けようと思うと、仕事やアルバイトをしながらスキマ時間を使ったり、主婦業をしながら制作するなど、どうしても別のことをやりながらでないとなかなかやっていけないのが実情です。

その中で目指すべき理想的なサイクルとしては、本業での経験を曲作りに生かしたり、創作で得た人脈のネットワークで仕事のストレスを解消したり、あるいは新しい仕事につなげるなど、本業と趣味がお互いに補完し合うようなものなのではないかと思います。

近年は「働き方改革」と言われるような国全体での流れもあり、このようなサイクルが実現できる環境は確実に整いつつあると感じています。充実した生活を送る「兼業クリエイター」がもっと増えれば、産業と文化の両方で日本が元気になるのではないか、とぼんやり思ったりもしています。

などと、音楽に対する向き合い方について色々綴（つづ）ってきましたが、最初はあまり気負わず、とりあえず手を動かして気楽に1曲作ってみるのがいいと思います。

VOCALOIDの体験版をダウンロードしてきて（2-3「DTMに必要なもの　ソフトウェア編」を参照）、1曲がサビひとつ分だけという長さのアカペラでもいいから作ってみて、完成したものを自分だけで聴くような感じでまったくかまいません。

この場合、「曲の受け手」は作り手の自分ひとりですから、このひとりが気に入れば、作り手の自分としては十分満足ということになります。そこから、親しい友人に聴かせたり、周りに音楽に詳しい人がいたらアドバイスをもらうなどして、徐々に曲作りに慣れていけばよいと思います。

1-4　曲を通じて何を表現したいのかを意識する

■ボカロPの4つのタイプについて

ひとくちにDTM愛好者、ボカロPといっても、活動目的やその志向は人によってもさまざまです。

本書をお手に取った皆様は、これから楽曲を作って活動したいという方が多いと思うのですが、「自分はDTM・VOCALOIDを通じて何を表現したいのか」「何を曲作りの起点とするか」といった点をこの機会に自分で一度見つめてみると、これからの活動にあたって考えが整理できるのではないでしょうか。

簡単にまとめると、ボカロPは大きく以下の4つのタイプに分類できます。

①　普段思っている自分の考えを、曲に載せて届けたい！　→　**アーティストタイプ**
②　小説や漫画のように、ストーリーを表現したい！　→　**脚本家タイプ**
③　とにかく聴いていて気持ちいい音を作りたい！　→　**音志向タイプ**
④　好きなVOCALOIDキャラのために曲を作りたい！　→　**プロデューサータイプ**

■①アーティストタイプ　――曲作りの起点は「自分自身が発信したいメッセージ」である

自分自身が発信したいメッセージを伝えたり、共感を呼び起こす手段として、VOCALOID楽曲を作るタイプです。

歌の内容自体はVOCALOIDのキャラクター的な文法に依存していないことが多いため、歌い手が他のVOCALOIDに変わったり、人間が歌ったりしてもほとんど違和感なく聴くことができます。

では「初めから人間に歌わせればいいのでは？」と思われるかもしれませんが、そうではありません。

音楽におけるボーカルの存在は「伝達者」であり、人間の歌手が歌うと「その歌手の曲」として認識される傾向があります。しかし、ここでのVOCALOIDは、作曲家のメッセージをダイレクトに伝えるための「色のないメッセンジャー」としての存在を担っており、「作曲家の曲」として音楽を届けるためにVOCALOIDは欠かせない存在なのです。

このタイプのボカロPが作る曲調としてはロックが多く、オリジナル主義です。メッセージに共感する人が多いので、二次創作としては「歌ってみた」が多くなります。また、雑誌やネット上の生放送、ライブなど、必要がある場合はボカロP本人がフロントマンとして積極的に登場することもあります。

このタイプの方におすすめするVOCALOIDは、「Megpoid（メグッポイド）（GUMI）」や「IA」など、キャラクター色が比較的薄いVOCALOIDや、「音街（おとまち）ウナ」のようにロックに合う鋭い声を出せるVOCALOIDです。ギターやドラム音源なども積極的に揃えていくのがよいでしょう。

■②脚本家タイプ　——曲作りの起点は「創作した物語、フィクション」である

小説を書くように架空の物語を1曲の中で展開していき、その物語音楽を演じる役者としてVOCALOIDを起用することが多いタイプです。ボカロPが創作したストーリーが先にあり、後からその中に登場するキャラクターや設定などを既存のVOCALOIDに落とし込んでいきます。

1曲ではなく、複数の楽曲で同じストーリーを共有し、フラグ（伏線）を回収しながら世界観を広げていくやり方をすることもあります。動画で盛んにストーリーの考察がなされるなど、長い期間にわたって愛される楽曲もこのタイプには多くあります。

アーティストタイプほど強くはありませんが、オリジナル志向が見受けられます。ポップスやロック以外に、脚本に合わせてファンタジー系や民族調などの曲調を用いることもあります。物語を主役に置いているので、曲調にもある程度こだわりはあるものの、それ以上に歌詞を特に重視し、一字一句に至るまで細部を構築するタイプです。イラストや同人誌、コスプレなどの二次創作が多く見られます。また小説や漫画、舞台化など、楽曲がマルチメディア展開される傾向にあるのもこのタイプの特徴です。

このタイプの方は、VOCALOID以外の音源はそこそこに、VOCALOID音源の数を揃えて、脚本に合う選択肢を増やしていくとよいと思われます。「鏡音（かがみね）リン・レン」は男女2人組ゆえ、さまざまな関係性を当てはめることができるので個人的におすすめしています。

■③音志向タイプ　——曲作りの起点は「気持ちのいい音」である

どちらかと言うとメッセージや脚本といった歌詞の面よりも、メロディの良さや編曲の面白さ、「音」そのものの気持ちよさを追求していくタイプです。VOCALOIDも他の楽器と同様に音の一部として扱い、曲全体で音の気持ちよさや一体感を求めていきます。

音楽ゲームに影響されて曲作りを始めたという方は、比較的このタイプである傾向が強いと感じています。

このタイプは、EDMやトランスなどのクラブ系の音楽志向を持つ方や、実験的な曲を作る方が圧倒的に多いのですが、ロックやジャズ、クラシックなどを作る方も一定数いらっしゃいます。オリジナル曲以外に、他人の曲をアレンジすることもよくありますし、歌モノ以外に歌の

ないインストゥルメンタルの曲を作ることもあります。

派生動画は楽曲の特性上、その楽曲を使用した「踊ってみた」や「MikuMikuDance」(https://sites.google.com/view/vpvp/)による二次創作が多くなるほか、クラブイベントなどでDJによく使用されます。ボカロP本人がDJとして活動することもあります。

透き通った、それでいて主張もする特徴的な声を持つ「初音ミク」は、こうした曲と相性が良い存在です。それ以外でも動画サイトでいろいろなVOCALOIDの声を聴き比べしてみて、直感的に声が良いと思ったものを買うとよいでしょう。また音源としてはシンセサイザー音源を購入して、収録されている音をいろいろといじって自分の理想とする音に近づけることを目指してみましょう。

■④プロデューサータイプ　――曲作りの起点は「VOCALOIDのキャラクター性」である

ゲーム『アイドルマスター』の中でプレイヤーは、アイドルのプロデューサーとして「○○P」と呼ばれます。それに倣(なら)い、ニコニコ動画でのアイドルマスター関連動画の投稿者も「○○P」と名乗っていました。ボカロPが「○○P」と名乗るのはその文化の影響なのですが、このタイプは本来の意味で架空の歌手をアイドル的に「プロデュースしている」人と言えます。

作曲家自身が先頭に立つ代わりに、自身が所有しているVOCALOIDに、みんなが思っているイメージなどに基づいたキャラ付けを積極的に行い、キャラクターが起点の曲を作るのです。とりわけ「初音ミク」の登場直後に目立ったタイプで、現在も趣味でボカロ曲を制作している方では比較的多数を占めている印象があります。

使うVOCALOIDやテーマにより曲調はさまざまですが、ダンスポップ系の楽曲が他のタイプよりも若干多い印象があります。「○○を意識してみました」など、元ネタの開示に抵抗が少なく、オリジナル曲以外にカバー曲なども積極的に制作します。

ボカロP本人は目立ったり、話題の対象になることがあまり好きではありませんが、キャラクターを語ることには積極的です。派生動画はイラストや手書きPVのほか、MikuMikuDanceによる二次創作も多い傾向にあります。

このタイプの方は、とにかく「好きになったキャラクターのVOCALOIDを買って歌わせましょう」という一点に尽きます。あなたの曲で、そのボカロを好きな人をさらに増やしていきましょう。色々なジャンルに挑戦しながら成長していくことになると思うので、クオリティはそこそこでも、たくさんの楽器が入ったいわゆる総合音源を1つ買っておくと重宝します。

もちろん人間ですから一概に何タイプ、と完全に分類できるわけではありません。時間と共に考えが変わっていく可能性もありますし、曲ごとにやりたいことが違う場合も多いのですが、自分の傾向を知るための手がかりにはなると思います。

他のPとコラボレーションをする際にも、音楽性によるすれ違いを避けるために、事前に相手のタイプをつかんでおくことは有益かと思います。

個人的には、アーティストタイプ、脚本家タイプ、音志向タイプ、プロデューサータイプの方々全部が、ボカロという表現手段を通してカオスに入り混じっていることが、VOCALOIDをとりまく環境の面白いところのひとつだと思います。あらゆる音楽がボカロに来れば全部見つかるという、とても幸せな世界です。

1-5　DTMとVOCALOIDの歴史

■過去を知ることで、現在や未来への手がかりをつかむ

　最近になって多くの人々がなじみを持つようになった、VOCALOIDを用いた音楽を楽しむ文化ですが、それらはどのように誕生して、どのように発展していったのでしょうか。この章では、それらの歴史を解説します。

●DTMとVOCALOIDの歴史

DTMとVOCALOIDの歴史

- 動画サイト登場以前のDTM、ネット音楽（1980年代～）
- 「初音ミク」以前のVOCALOID（2003年～2006年）
- 2007年　――初音ミク誕生
- 2008年　――成長と発展
- 2009年　――商業進出進む
- 2010年　――マルチメディア展開
- 2011～12年　――世界進出と進化
- 2013～14年　――ブームから定番へ
- 2015～17年　――新たなトレンドとの融合

「過去の歴史は知る必要があるのだろうか？」「そもそも音楽なんだから単純に自分の作りたいもの作って楽しめばいいじゃん」と疑問に思う方もいらっしゃるかもしれません。

　確かに、例えばビートルズやその他の過去の名作を知らなくても、ロックというジャンルの曲を作ることはできるでしょう。ただし、音楽文化は一般に、過去に起こったさまざまな出来事が積み重なって今の形を成していることが多いのです。

　ロックにも「エレキギターを持つと不良になる」と言われた時代がありました。しかし、個人や組織がいろいろなかたちで努力して生み出したものが、時流に乗って受け入れられ、徐々に人々の認識が変わっていきました。いつの時代も、その繰り返しで歴史や文化というものは生まれてきました。

　ロックやクラシックに限らず、ネット音楽にも音楽文化としての歴史が存在します。それら

を教養として知っておくだけでも、自分が現在置かれている立ち位置を知り、また過去を参考にして、未来に向けてどのような選択をすればいいのかという手がかりをつかむきっかけになるのではないでしょうか。

■動画サイト登場以前のDTM、ネット音楽

それではまず、ニコニコ動画が登場する以前の、DTM、ネット音楽、同人音楽シーンはどういったものだったのか、その流れを説明していきます。

1980年代前半	MIDI規格誕生
1998年	BMSフォーマット誕生
2001年	音楽投稿サイト「muzie」誕生
2002〜05年	FLASH動画ブーム
2005年2月	「YouTube」誕生
2006年12月	「ニコニコ動画（仮）」誕生

コンピューターで音楽を作る環境が整備されたのは、1980年代前半の「MIDI規格」誕生以降となります。MIDIデータとは、演奏情報を記録したデータのことで、いわば楽譜のようなものとお考えください。このMIDIデータを作ったり、他の機器とつないでそのデータのやりとりを行うための世界共通のルールが1980年代前半に策定されました。

このMIDIデータによるファイルは、現在インターネットで音楽を配布する際に一般的となっているMP3形式のものに比べるとサイズがはるかに小さい（数十〜数百KB）ため、主にインターネット黎明期の1990年代に、音楽を配布する手段としてよく使用されました。各自のパソコンにMIDIデータを再生するための音源を用意し、ダウンロードしたMIDIファイルを再生することで「楽譜」を「演奏」するようなかたちで当時の人は音楽を楽しんでいたのです。

インターネット黎明期には、J-POPの楽曲などを耳コピで再現、カバー・アレンジなどをしたMIDIファイルを個人サイトなどで公開するという方が多かったとされています。こうした音源の個人サイトなどでの公開や配布に関して、当初JASRACは黙認していましたが、2000年に「インタラクティブ配信」（例えば着メロ配信など、インターネット上における複製行為）の概念が確立したことをきっかけに、そうしたファイルを公開している個人サイト等への集金に乗り出し、結果多くのサイトが閉鎖されました。

もちろんそれ以前からオリジナル曲を公開していた方もいらっしゃいますが、当時としては少数派であった記憶があります。しかし結果的に、このJASRACの方針転換をきっかけとして、オリジナル曲をネットで公開する方も少しずつ増えていったというのは事実です。

一方、1998年には「BMS」というフォーマットが誕生しました。コナミの音楽ゲーム「beatmania」を模したPCゲーム用のフォーマットで、多数のWAVファイルを指定通りに鳴らすことによっ

て、音楽ゲームのようなことができる仕組みでした。考案者は、現在はコンピューター将棋ソフトの開発者としても有名なプログラマー・やねうらお氏です。

ある種のグレーゾーンなフォーマットではありますが、この中から「BMS作家」と呼ばれる作曲者や作品が多く誕生しました。

初期の頃はJ-POPやアニメソングなどの耳コピ作品やアレンジ作品も多かったのですが、まもなくクオリティの高いオリジナル曲も多く出てくることになり、一部の作家は同人CDも出したりと、今のインターネットを舞台とする音楽活動のいわば礎となるものが、このBMSを中心とする文化の中で誕生しました。現在ボカロPとして活動している方の中にも、元はBMS作家として有名だった方がいらっしゃいます。このBMSシーンは現在でも脈々と続いており、定期的に作品が公開されています。

2000年代に入ると、徐々にMP3で楽曲を公開する人も増えてきました。その理由はおもに2つあります。

1つは、パソコンの性能向上や技術革新により、MIDIを打ち込む以外のやり方でもパソコン上で作曲ができるようになったことがあげられます。WAVファイルによる音素材を組み合わせて作曲ができる「ACID」という音楽制作ソフトの登場（1998年）は、その象徴と言えるでしょう。

もう1つの理由は、インターネット回線が高速化したことです。2000年代の初頭になってADSLが登場しました。高速といっても今のスマートフォン回線よりも遅いくらいではありますが、当時としては革命的でした。

その時勢に乗って2001年に登場したのが、音楽投稿サイト「muzie（ミュージー）」（現在はサービス終了し「BIG UP!」に統合）でした。当時はMP3ファイルを個人サイトで公開するにしても、サイトにアップロードできる容量の関係上、それほど多くの曲を公開することはできませんでした。しかしmuzieの登場により、ここに来れば音楽が集まっていて、自分も好きなだけ上げられる、という環境が整ったのです。これまで個人サイトでオリジナル曲を制作していた方々、BMS作家、あるいはインディーズで活動しているバンドなどが、思い思いに自作音源を公開しました。

ダウンロード数が100、コメントなどの反応はなしというのが普通で、1,000ダウンロードもすればサイトを代表する大ヒットという感じでしたが、それでも個人サイトより遥（はる）かに多くの再生数や反応が得られる場として貴重な存在でした。

さらにパソコンの性能やインターネット回線の速度が向上すると、音楽だけではなく動画を一般の方が公開し、視聴するという環境が整ってきました。当時、動画はMacromedia社（現在はAdobeが買収）の「Flash」というソフトウェアで制作し、個人サイトやアップローダーなどで公開するというのが一般的でした。

Flashは、当時の「2ちゃんねる」（現「5ちゃんねる」、https://5ch.net/ 、以下「2ch」）文化と強く結びつき、数々の名作を生み出しました。2chの設立は1999年であり、当時はまだSNS

もなかった時代に、今で言うところの「○○クラスタ」が集まる貴重な場でした。その中で育った文化の成果物などを動画として公開する手段として、Flashが重宝されました。

そのFlash動画で使用される音楽にも、注目が集まることが多くありました。洋楽の空耳などのネタも多くありましたが、中にはmuzieで公開されている同人音楽がBGMとして起用されることもありました。

例えば403氏の「Southern Cross」という曲は、2004年末のイベントで公開された「Nightmare City」というFlash動画の「主題歌」として使用され、muzieでダウンロード数が6桁を記録するという、当時のネット音楽としては前人未到のヒットを打ち立てました。こうして、同人音楽という存在が徐々に知れ渡っていくことになります。

そして2005年2月の「YouTube」誕生、2006年12月の「ニコニコ動画（仮）」誕生に伴い、動画の発表の場は徐々に動画投稿サイトに軸足を移していくことになります。

■「初音ミク」以前のVOCALOID

2003年	ヤマハ「VOCALOID」発表
2004年1月	ZERO-G「LEON」「LOLA」発売（英語）
2004年7月	ZERO-G「MIRIAM」発売（英語）
2004年11月	クリプトン「MEIKO」発売
2006年2月	クリプトン「KAITO」発売

VOCALOIDという技術が発表されたのは2003年です。07年にVOCALOID2、11年に同3、14年末に同4が発表されていますので、おおよそ4年周期で大型のバージョンアップがされていることになります。

最初にVOCALOID技術を商品として実用化したのは「ZERO-G」というイギリスの会社で、英語版VOCALOIDである「LEON」と「LOLA」が最初のVOCALOIDとして世に出ました。

初めての日本語版VOCALOIDである「MEIKO」は、当時の音楽制作用ソフトとしてはそれなりにヒットしましたが、まだ合成音声のボーカル曲がネット音楽の主流となるには至りませんでした。

■2007年　――初音ミク誕生

2007年1月	ヤマハ「VOCALOID2」発表
2007年6月下旬	PowerFX「Sweet Ann」発売（英語）
2007年8月中旬	「初音ミク」デモソング公開
2007年8月31日	クリプトン「初音ミク」発売
2007年12月27日	クリプトン「鏡音リン・レン」発売

VOCALOID2の最初の製品も英語版で、「PowerFX」というスウェーデンの会社が発売した「Sweet Ann」でした。そして、8月中旬にクリプトンから「初音ミク」のデモソングが公開されたことをきっかけに、その完成度の高さに一気にネット上で話題が拡散されました。

発売直後は「Ievan Polkka」（2007年9月4日公開、sm982882）などのカバー曲が話題となり、それから間もなくして「恋スルVOC@LOID」（sm1050729）や「みくみくにしてあげる♪」（sm1097445）などのオリジナル曲が多数登場することになります。この流れは先ほどのBMSでも共通するものでした。

最初はVOCALOIDの視点から作られたキャラクターソングが多い傾向にありましたが、年末には「メルト」（sm1715919）が公開され、ボカロ曲の表現の幅がしだいに広がっていくことになります。

◆有志によるVOCALOID関係者交流SNSの開設

初期の作り手は、外部からはあまりその顔が見えない存在でした。当時のニコニコ動画では、現在ほどユーザー個人の情報を前面には押し出さない画面設計になっており、他のユーザーとの交流手段もそれこそ動画上のコメント機能くらいしかありませんでした。

そのため、当時の作り手の交流手段としては、2chなどの掲示板や、ミクシィなど既存のSNSが使われました。

その中で有志により誕生したのが、主にボカロPや絵師（イラストレーター）などのVOCALOID関係者が集う目的で作られた専用のSNSでした。これらは招待制をとっているところも多く、顔が見える濃密なコミュニケーションができるということで関係者に重宝されました。専用SNSから誕生したコラボ曲や企画は数え切れないほど存在し、VOCALOID文化初期の作品を生み出す原動力となっていました。

2007年10月にその最初となる初音ミクSNS「ハツネギ」が誕生し、その後は2008年2月に設立されたVOCALOIDファンSNS「ボーカロイドにゃっぽん」が主流となりました。2010年以降、交流の主な手段がTwitterへ移行していくまでの間、最盛期には数千人のアクティブユーザーが日々活動を行っていました。

◆クリプトン「ピアプロ」開設

「ピアプロ」（https://piapro.jp）は、クリプトンが自ら設立した、VOCALOID関連の楽曲、イラスト、歌詞を投稿できるサイトです。特にイラストについては、自社キャラクターの二次創作を認め、推進すること自体が当時としては画期的なシステムであり、その後のVOCALOIDキャラクターをはじめとする多くのキャラクターのライセンス戦略に影響を与えました。

このサイトの特徴としては、他人に曲やイラストなどを二次創作として使ってもらう目的で、ユーザーが自由にライセンスを設定できることが挙げられます。

設立当初は、ここで上げられていた歌詞に他の方が曲をつけてまずはピアプロ内だけで公開し、その後イラストをピアプロで募集し、曲を聴いて心を動かされた絵師さんがイラストをつける、という流れでのコラボが数多く展開されていました。

■2008年　――成長と発展

2008年2月14日	樋口M氏「MikuMikuDance」公開
2008年3月31日	グッドスマイルカンパニー「ねんどろいど　初音ミク」発売
2008年7月31日	インターネット社「がくっぽいど」発売
2008年8月27日	livetune、CD『Re:Package』発売

VOCALOID文化の今に続く流れが確立したともいえる年が2008年です。

2月に公開された「MikuMikuDance」は、3DCGによるアニメーション動画の制作のハードルを格段に引き下げ、数多くの動画職人を誕生させることとなりました。今や初音ミク、VOCALOIDという枠を超え、完全にひとつの動画制作ツールとして定番化した印象があります。

「ねんどろいど 初音ミク」は、フィギュアなど、のちに数多く展開されることになるVOCALOID関連グッズの先駆けとなる商品でした。

また、クリプトン以外からも日本語VOCALOIDが発売されるようになったのもこの年からです。歌手・GACKTの声から制作された「がくっぽいど」については、情報が初めて公開されたのが4月1日のニコニコ動画内でのニュース記事だったため、誰もがエイプリルフールの冗談だと思っていたのが実は本当だったというエピソードもあります。

オリコン週間5位を獲得した『Re:Package』は、アーティスト名に「feat. 初音ミク」という表記がされた初のCDであり、メジャー流通でありながらJASRAC無信託という、これも当時として非常に斬新な決断が行われた作品でもあります。初音ミクやVOCALOIDという文化、システムは、これまで常識とされていた概念を少しずつですが確実に塗り替えていったのです。

楽曲についても、2008年というのはさまざまなVOCALOIDの可能性が追求され、確立した年でした。

無機質な声だから成立する、ポップレクイエム「サイハテ」(sm2053548)。VOCALOIDを役者と捉え、物語音楽の先駆けとなった「悪ノ娘」(sm2916956)や「悪ノ召使」(sm3133304)。VOCALOIDならではの超高速歌唱を追求した「初音ミクの消失（LONG VERSION）」(sm2937784)。そして年末に発表された「炉心融解」(sm8089993、元の投稿はsm5602903）は、当時最高峰の動画クオリティと、どこか影があって痛みを感じさせる歌詞で話題を呼びました。

◆「THE VOC@LOiD M@STER」

「THE VOCALOiD M@STER」(http://ketto.com/tvm/、通称「ボーマス」）とは、「ケットコム」が主催している同人イベントです。「コミックマーケット」の対象をVOCALOID関係だけに絞り込んだものとお考えください。

2007年11月に第1回が開催され、初期は同人誌を制作するサークルが中心でしたが、2008年頃から、ニコニコ動画でVOCALOID楽曲をアップしている方が自身のCDを頒布するために多く参加するようになり、これをきっかけに同人イベントになじみのない層も多く来場・参加するようになりました。

近年は年に3回のペースで定期的に開催されています。2012年からは「ニコニコ超会議」(http://www.chokaigi.jp) 内でも開催されており、現在でも作り手同士や、作り手とファンがリアルの場で交流できる貴重な機会を提供する場となっています。

■2009年 ——商業進出進む

2009年1月30日	クリプトン「巡音ルカ」発売
2009年3月9日	EXIT TUNES社、コンピレーションCD『Vocarhythm』発売
2009年6月26日	インターネット社「Megpoid」発売
2009年7月2日	セガ、PSP用ゲームソフト『初音ミク －Project DIVA－』発売
2009年8月31日	VOCALOIDライブ「ミクFES'09（夏）」開催
2009年12月4日	AHS社「SF-A2 開発コード miki」「歌愛ユキ」「氷山キヨテル」発売

「巡音ルカ」の発売とともに、新曲を書き下ろしたボカロPが一斉に投稿を行い、ニコニコ動画のランキング上位はしばらく巡音ルカが歌う多数のオリジナル曲で埋まり、さらに新たなVOCALOIDファンを獲得するきっかけとなりました。

そして今から考えると、結果的に現在のVOCALOIDをとりまく環境に大きなインパクトをもたらした出来事は、『Vocarhythm』と『初音ミク －Project DIVA－』の発売なのではないでしょうか。

『Vocarhythm』は、その後商業でのVOCALOIDコンピレーションCDが多数生み出されるきっかけとなった作品です。EXIT TUNES社はその後もボカロPや歌い手のメジャー作品を多数リリースし続け、近年はさいたまスーパーアリーナや日本武道館でのボカロPや歌い手のライブイベントも主催するに至っています。

また、この年にセガが発売した『初音ミク －Project DIVA－』も数十万本売れたことで、ゲームを入り口としてVOCALOIDの世界を知ったという方々も多く、これが今につながるいわゆる「VOCALOID文化の一般化」の流れの下地を作っていきました。

さらに、そのセガが技術協力するかたちでVOCALOIDによる本格的なライブがこの年初めて開催され、その後の「ミクの日感謝祭」「マジカルミライ」などの大規模なライブイベントにつながっていくことになります。

現在は本名の「米津玄師」名義で有名なハチさんや、バンド「ヒトリエ」のボーカル・ギターとして活動しているwowakaさんらがボカロPとして台頭してきたのもこの年です。

◆「KARENT」

「KARENT」(https://karent.jp) は2009年にクリプトンが立ち上げたレーベルで、「iTunes Store」や「LINE MUSIC」、「Spotify」をはじめとするさまざまな有料配信サイトへ、ボカロ曲を仲介しています。これにより、メジャーデビューせずとも、世界中の人々に自分のボカロ曲を配信し、購入してもらうことができるようになりました。海外からのダウンロード数が約半数を占めるという報告もあり、VOCALOID文化・ボカロPの海外進出に一役買っているレーベルといえます。

▼初音ミク公式ブログ「海外でのVOCALOID楽曲の人気について」

http://blog.piapro.jp/2010/07/vocaloid-1.html

■2010年 ——マルチメディア展開

2010年4月30日	クリプトン「初音ミクAppend」発売
2010年5月18日	EXIT TUNESのコンピレーションCD『Vocalogenesis』がオリコン週間ランキング1位獲得
2010年6月23日	セガ、アーケードゲーム『Project DIVA Arcade』稼働
2010年8月10日	悪ノP、小説『悪ノ娘 黄のクロアテュール』発売

5月には『Vocalogenesis』がVOCALOID作品として初のオリコン週間1位を獲得したことにより、一般のメディアでもVOCALOIDや初音ミクが話題になりました。筆者も「同人イベントで会話した人や、オフ会で隣で飲んでいた人がオリコン1位」という、VOCALOIDがなければ絶対になかったであろう経験をさせて頂き、不思議な感覚にとらわれた記憶があります。

8月に「悪ノ娘」の小説の1作目が発売され(PHP研究所刊)、数十万部を売り上げるベストセラーになったことで、その後のボカロ曲の小説化やコミカライズなど、マルチメディア展開が加速することとなりました。

この年は、その前年に発売された「Megpoid (GUMI)」が、「モザイクロール」(sm11398357)などのヒット曲の出現により、「電子の隣の女の子」として、「電子の歌姫」と呼ばれる初音ミクとはまた別の路線の人気を確立していった年でもあります。

また、9月に投稿された「般若心経ポップ」(sm11982230) は、投稿後わずか数日で100以上の派生アレンジが投稿される一大ムーブメントとなりました。

◆JASRAC部分信託の流れ

2010年までにはカラオケ「ジョイサウンド」(https://joysound.com) にリクエストを通じて数百曲のボカロ曲が入曲しながら、そのほとんどはJASRACに無信託の状態であり、従って無償でのカラオケ配信を余儀なくされていました。

もちろん今でもご自身の意志で無償配信している方は数多くいらっしゃいますが、当時は無償配信以外の選択の余地がなかったのです。しかし、JASRACに全信託をしてしまうと、ネット上での自由な楽曲利用に制限をかけることになってしまいます。また、個人でJASRACに信託すると、全ての曲が信託対象になり、「この曲は信託しない」のような選択ができません。

そこで、ジョイサウンド を運営する「エクシング」の子会社であるエクシング・ミュージックエンタテイメント社や、EXIT TUNES社、ドワンゴ社などが音楽出版社の役割を果たし、「この曲とこの曲に関して、カラオケやレンタル、テレビ放送にあたっての利用の部分だけをJASRACに信託する」ということができる仕組みが確立しました。

例えばテレビ放送にしても、権利を持っている個人に番組を作るたびにいちいち許可を取りに行くよりは、JASRACのデータベースを検索して載っている曲を使って、あとで他の曲と一緒にお金をJASRACに払うという流れにするほうがはるかに楽ですので、テレビでオンエアされる確率も上がると想像されます（ただし、その裏返しとして、どんなシチュエーションで使われるかコントロールはできなくなります）。

【参考】

▼「『作家が主役』の時代――JASRAC・部分信託で何が変わる？」（ASCII.jp）
http://ascii.jp/elem/000/000/579/579159/

■2011～12年　――世界進出と進化

2011年5月4日	米国トヨタのCMに初音ミクが起用される
2011年7月2日	ロサンゼルスでVOCALOIDライブ「MIKUNOPOLIS」開催
2011年10月21日	「VOCALOID3 Megpoid」など、数種類のVOCALOID3製品が発売
2011年12月16日	Google「Chrome」のCM公開
2012年1月27日	1st PLACE社「IA －ARIA ON THE PLANETES－」発売
2012年8月	ファミリーマート「ミク Loves ファミマ」キャンペーン開始
2012年10月	香港と台湾でVOCALOIDライブ「ミクパ♪」開催
2012年11月23日	冨田勲氏の『イーハトーヴ交響曲』初公演、初音ミクが出演

2011年の米国トヨタから始まり、Google、ファミリーマート（ファミマ）など、大規模なタイアップが続きました。テレビなどのメディアで取り上げられる機会も格段に増加しました。

また、2011年にはそれまでの「VOCALOID2」に比べて、パラメータを特別に操作しなくてもより自然な歌い方を実現させた「VOCALOID3」が発表されました。

VOCALOID3として1st PLACE社より発売された「IA」は、「カゲロウプロジェクト」（http://mekakushidan.com）関連楽曲の大ヒットもあり、ミク、GUMIに続き、新たなVOCALOID音源の定番となりました。透き通った声は作曲者のメッセージを直接伝えるのに適しています。

2011年7月にロサンゼルスで開催された初音ミクのライブイベント「MIKUNOPOLIS」は、日本人が作った日本語の歌を、日本で開発されたソフトウェア音源が歌い、日本人のバックバンドで演奏して、アメリカ人の心を動かした伝説のライブとなりました。当時筆者は現地まで足を運んでそのライブに参戦しましたが、「ワールドイズマイン」が始まった瞬間、椅子があるホールでのライブにもかかわらず後ろのアメリカ人が全員立ち上がった光景はおそらく一生忘れることはないでしょう。

◆クリエイター奨励プログラム

2011年にニコニコ動画が「クリエイター奨励プログラム」という制度を発表しました。これは奨励プログラムに登録した動画に、再生数などから算出した人気度に応じてポイントを与えるというもので、そのポイントは現金化することも可能というものです。

その原資は主に有料会員による会費から賄(まかな)われているという点や、登録した動画から二次創作した派生動画がヒットすると、派生元であると登録した動画にもポイントが与えられる点(「子ども手当」と命名されています)などが当時としては斬新であり、二次創作・CGMの文化を残しつつもクリエイターに収益が還元される仕組みとして、多くの投稿者が利用しています。

なおクリプトンでは、ボカロ曲のクリエイター奨励プログラムへの登録可否について長らくコメントをしていませんでしたが、2015年9月に「登録は可能」という見解を正式に発表しています。

▼初音ミク公式ブログ「niconicoでのクリエイター奨励プログラムのご利用につきまして」
http://blog.piapro.net/2015/09/h1509161-1.html

■2013〜14年　――ブームから定番へ

2013年2月15日	クリプトン「KAITO V3」発売
2013年8月30日	VOCALOIDライブ&企画展「マジカルミライ」初開催
2013年8月28日	ソニーモバイル、スマートフォン「Xperia feat. HATSUNE MIKU」発売
2013年9月26日	クリプトン「初音ミク V3」発売
2014年3月12日	BUMP OF CHICKEN feat. HATSUNE MIKU「ray」発表
2014年4月〜6月	テレビアニメ『メカクシティアクターズ』放映
2014年5月〜6月	レディー・ガガのワールドツアーに初音ミクが前座として出演
2014年12月10日	VOCALOID技術が活用されたhideのアルバム『子 ギャル』発売
2014年12月17日	「VOCALOID4 Editor」発売

2013〜14年は、ニコニコ動画を中心とした熱狂的な初期のVOCALOIDブームが少しずつ落ち着いていく一方で、ニコニコ動画という1つの動画サイトを徐々に巣立ち、新たなステージ、すなわち「VOCALOIDやボカロ曲がそこにあるものとして認識される時代」に突入した年でした。

その象徴は、BUMP OF CHICKENと初音ミクがコラボレーションした楽曲「ray」でしょう。

BUMP OF CHICKENのオフィシャルYouTubeチャンネルから投稿され、2014年に発表された「ボカロ曲」の中では最大のヒットとなりました。ニコニコ動画が舞台でもなければ、曲もアマチュアが作ったものではありません。しかし、彼らの曲を聴いて育った筆者にとってはとても感慨深い出来事でした。

故hideのアルバム『子 ギャル』で、故人の声を再現して未発表曲を歌わせる試みとしてVOCALOID技術が活用されたり、レディー・ガガのワールドツアーに初音ミクが出演するなど、ほんの少し前までは夢物語だと思われていたことが次々と実現していきました。

ヒットしたボカロ曲のマルチメディア展開はさらに進み、2014年には「カゲロウプロジェクト」が原作のテレビアニメ『メカクシティアクターズ』が放映されるに至りました。

2014年の終わりに発売された「VOCALOID4」には新機能として、“がなり声”を再現する「グロウル」と、複数の歌声データベースを組み合わせられる「クロスシンセシス」が搭載され、使い方しだいでとても感情を込めたような歌い方もできるようになりました。

■2015〜17年 ——新たなトレンドとの融合

2015年7月25日	実写映画『脳漿炸裂ガール』全国公開
2015年9月23日	テレビ番組『ミュージックステーション』に初音ミクが出演
2015年12月31日	テレビ番組『第66回紅白歌合戦』で小林幸子が「千本桜」を歌唱
2016年4月22日	学研プラス『ボカロで覚える 中学歴史』『ボカロで覚える 中学理科』発売
2016年4月29日	中村獅童と初音ミクが共演した歌舞伎「今昔饗宴千本桜」初演
2016年8月31日	クリプトン「初音ミク V4X」発売
2017年8月31日	初音ミクが発売10周年を迎える。中国語に対応した「初音ミク V4 CHINESE」発売
2017年12月9日	ヤマハ、リアルタイムにVOCALOIDを演奏できる「ボーカロイドキーボード」発売

2017年8月に、「初音ミク」が発売10周年を迎えました。

2015年〜17年にかけては、ボカロ曲のアニメ化や実写映画化、テレビ番組「ミュージックステーション」への初音ミク出演、「紅白歌合戦」での小林幸子さんによるボカロ曲「千本桜」の歌唱などの出来事があり、VOCALOID・ボカロ曲はもはや特別ではない日常の風景となりました。

書き下ろしのボカロ曲で勉強できる学習参考書が大ヒットするなど、特に若者にとって歌っているのが人間か合成音声かということは、いい曲を楽しむという前では些細なことなのかもしれません。

アニメやドラマ主題歌、J-POPの楽曲をボカロPや同人音楽出身のクリエイターが制作する。ロックフェスに、メンバーがボカロPもやっているバンドが出演する。かつて音楽ゲームに影響を受けて楽曲を制作していたBMS作家が、本物の音楽ゲームの楽曲を多数手がける——。2000年代から長い時間をかけて撒かれた種が、ついに大輪の花を咲かせました。

◆ニコニコ動画以外への投稿の場が広がる

以前YouTubeにおけるボカロ曲は第三者による転載がほとんどを占めていましたが、ニコニコ動画があまりシステム的な改善を見せなかった2015〜17年の間で、YouTuberの出現など存在感を増してきたYouTubeにも多くのボカロPが自ら動画をアップするようになりました。これらの動画の中には、ニコニコ動画の数倍の再生数を記録するような動画も多く現れています。

また、筆者のYouTubeチャンネルのアクセス解析では、スマートフォンとタブレットからの視聴が7割を超えており、こうした層がボカロシーンを支えていることを実感します。

中国の動画共有サイト「bilibili（ビリビリ）」（https://www.bilibili.com）でもボカロ曲が人気になっており、「洛天依」（LUO TIANYI）など中国語VOCALOIDを中心とした独自のボカロ文化が盛り上がっています。一部ですが自ら投稿する日本のボカロPも存在します。

また、「歌ってみた」や「踊ってみた」などの派生動画に関しても、以前は「気軽にアップできる場」としてニコニコ動画が重宝されていましたが、最近は「nana」（https://nana-music.com）や「TikTok」（https://www.tiktok.com/jp/）など、ニコニコ動画よりもさらに気軽に投稿できる場が登場し、交流を主目的とするユーザーが数多く利用しています。

◆ニコニコ動画の新たなトレンドとの融合

一方ニコニコ動画では2015年以降のひとつのトレンドとして、ゲーム実況動画の盛り上がりという出来事があります。その実況の音声に、AHS社の合成音声読み上げ技術「VOICEROID（ボイスロイド）」を搭載したソフトが多用されました。

その代表がボカロPによるプロジェクトチーム「ボカロマケッツ」（https://www.vocalomakets.com）が手がける「結月ゆかり」で、VOCALOID版とVOICEROID版の両方がリリースされています。ゲーム実況で結月ゆかりの存在を知った人がVOCALOIDの結月ゆかりの楽曲も聴くという相乗効果が発揮され、新たなファンの流入につながりました。

もうひとつのトレンドは、ソーシャルゲームとのコラボレーションです。これまでもボカロキャラクターがゲーム内にゲストとして登場することはありました。しかし、NHN PlayArtとドワンゴが共同開発し、2016年末に発表された『#コンパス 【戦闘摂理解析システム】』（https://app.nhn-playart.com/compass/）では、登場キャラクターひとりひとりのテーマソングをボカロPが制作するという新たなスタイルを採用することで、楽曲とゲームの相乗効果をもたらし大きな成功を収めました。

■DTM・VOCALOIDの歴史を知るためのネット記事

元々ニコニコ動画を中心とするネットユーザーから話題になった関係上、DTMの歴史や、VOCALOIDの歩み、「初音ミク現象」を評論・解説した記事は、ネット上にも数多く存在します。ここではその中からいくつかを紹介します。VOCALOIDへの理解を深めるための参考になれば幸いです。

▼「アマチュア・インディーズ音楽の投稿配信サイトの歴史を主観で振り返る」(小林オニキスBLOG)
http://adamaurow.jugem.jp/?eid=64
▼「『ニコ動』で進行するコンテンツ革命、熱狂の舞台裏」(日本経済新聞)
https://www.nikkei.com/article/DGXBZO41107440X00C12A5000000/
▼「初音ミクの立役者が語るミク誕生から爆発的な拡散、そして今後の展開を語るトークセッション全編掲載」(GIGAZINE)
http://gigazine.net/news/20140901-miku-talk-session-2/
▼「浮世絵化するJ-POPとボーカロイド　~でんぱ組.inc、じん(自然の敵P)、sasakure.UK、トーマから見る『音楽の手数』論」(日々の音色とことば)
http://shiba710.hateblo.jp/entry/20130529/1369790663
▼「『ボカロ小説』はこうして生まれる　中高生を本屋に走らせる魅力、そして楽曲争奪戦へ」(ねとらぼ)
http://nlab.itmedia.co.jp/nl/articles/1308/02/news007.html
▼「2013年投稿のボカロ曲の中から一万マイリス越えの楽曲を分析してみた」(What a Wonderful World)
http://pilgrim.indiesj.com/Entry/48/
▼「『VOCALOID4』が得た表現力、使いやすさとは——発表会を振り返る」(ITmedia ニュース)
http://www.itmedia.co.jp/news/articles/1411/21/news173.html
▼「初音ミクの10年~彼女が見せた新しい景色~」(音楽ナタリー)
https://natalie.mu/music/pp/miku10th
▼「初音ミク10年の歴史~"ボーカロイドの物語"を楽曲と歌詞から振り返る」(ぐるりみち。)
https://blog.gururimichi.com/entry/2017/09/06/184534

1-6 DTMとVOCALOIDの現在と未来

■DTMとVOCALOIDの現状

DTMとVOCALOIDの歴史に続いては、2018年現在のDTMとVOCALOIDをとりまく環境について書いていきたいと思います。

◆VOCALOIDおよび音声合成ソフトウェアの現状

2018年7月12日、ヤマハからVOCALOIDの最新バージョン「VOCALOID5」が発売されました。見た目が大きく刷新されたほか、歌唱方法や歌い方について、細かい操作をしなくても簡単にイメージを表現できるさまざまな機能が追加され、今からVOCALOIDを歌わせてみたい初心者の方にとってはより利便性が向上しました。

言うなれば「スーパーマーケットに新しくできたお惣菜コーナー」や「マニュアル車がオートマチック車になった」という例えが適切かもしれません。

しかしながら、クロスシンセシスなどのVOCALOID4にあった一部の機能が廃止されるなど、既存のユーザーにとっては賛否両論もあるのも事実で、しばらくは「初音ミクV4X」などのVOCALOID4と新しいVOCALOID5を併用して使われていく状況が続くと予想されます。

▼「【レビュー】VOCALOID5を発売後2日間で色々使ってみた感想と、購入検討にあたっての注意点」(G.C.M Records by アンメルツP)
https://www.gcmstyle.com/2018/07/14/2580/

一方で、VOCALOID以外の音声合成ソフトウェアも一定の地位を確立しつつあります。

2008年に発表された「UTAU」(http://utau2008.web.fc2.com)は、支払いが任意のシェアウェアであり、無料でも使えることや、ユーザー自身が歌声ライブラリを制作できる自由さなどから人気となりました。

そのライブラリ数は現時点で5,000を超え、「重音テト」「波音リツ」などボカロキャラクターに並ぶ人気を確立したものも存在します。国内に留まらず海外でもUTAUを使用して楽曲を発表するクリエイターが数多くいます。

また「CeVIO」(http://cevio.jp)は、VOCALOIDやUTAUとはまた違ったアプローチで合成音声による読み上げと歌声を実現した技術であり、調声の余地は少ないとされながらもリアルな歌声が実現できると話題になっています。これを利用して「さとうささら」「ONE」などが製品化されています。

他にも前述の「VOICEROID」や、HOYA社による「VOICETEXT」(http://voicetext.jp/)

など、個人向け・ビジネス向け問わずさまざまな音声合成技術が開発されており、10年以上音声合成のトップを走り続けてきたVOCALOIDといえども今後その地位を守るのは簡単ではない状況に差し掛かっているといっても過言ではありません。

◆バーチャルキャラクターの隆盛

2017〜18年を後から振り返って時代の転換点だったと後に評論家が語るであろう現象は、間違いなく「キズナアイ」や「ミライアカリ」、「輝夜月（かぐやるな）」らに代表される「バーチャルYouTuber」の隆盛でしょう。

彼ら・彼女たちは、理由がないままに突然ブームになったわけではありません。ここで、最近10年の間に起こったことを振り返ってみましょう。

・初音ミクなどVOCALOIDキャラクターにより、バーチャルキャラクターに馴染みのある人が増えた
・YouTubeの存在感の拡大とYouTuberの登場、一般化
・スマートフォンの高性能化とインターネット回線のさらなる高速化
・インターネット生放送のノウハウの積み上げ
・VR技術の高度化
・曲作りやイラスト制作、3Dモデル制作など、創作環境の整備
・上記に伴う二次創作文化の一般化

このように、歴史を見てみると、バーチャルYouTuberの登場はまさに時代の必然であったことが伺えます。

しかしそれは同時に、VOCALOIDキャラクターがバーチャルキャラクターのほぼ全てだった時代は過ぎつつあることも意味しています。一般的な視聴者はおそらくこうした技術の違いなどは意識することなく、目の前の動画を楽しむでしょう。

現在バーチャルYouTuberの音声には肉声もしくは音声読み上げ技術が使用されていることが多く、ボカロ曲の「歌ってみた」などにも肉声が用いられています。そのため、歌声合成技術であるVOCALOIDを用いたキャラクターとは「今は」棲み分けが成立している状態ではありますが、筆者は著名なバーチャルYouTuberが元となったVOCALOIDが発表される時が来るのはそう遠くはない未来であろうと予想しています。あるいはVOCALOIDではなく、別の歌声合成技術を採用する有名バーチャルYouTuberも現れることでしょう。

合成音声技術のある種の「象徴」として、「初音ミク」が主役のひとつである状況は今後もまだしばらくは続くことが予想されますが、既存のVOCALOIDキャラクターも、VOCALOIDという音声合成技術も、この先激しい競争にさらされていくことになるかもしれません。

【参考】

▼「バーチャルYouTuber文化論【最新版】なぜブームに？ 理由を徹底解説！」(文脈をつなぐ)

https://kimu3.net/20180425/11433

◆AIによる創作サポート

現在、自動作詞や自動作曲技術など、いわゆるAIを用いた創作についても研究が進んでいます。そのレベルはまだAI単体だけで曲作りが成立するものとは言えませんが、すでに一部の工程を提案したり、音を自動で整えたりするものは実用化しており、体験版などを通じてその実力を感じることができます。

また、イラスト制作についても自動着色ツールが実用化されるなど、人間が頭に描いたイメージを助ける道具としては十分なレベルに達していると言えます。

ただし、将来完全に実用に耐える自動作曲技術が出現したり、「バーチャルボカロP」のような存在が登場したからといって、DTMの楽しさは失われるものではないと思います。VOCALOIDが登場しても歌う人間がたくさんいるように、コミュニケーション手段として人間が創作をする行為は残ることでしょう。

■VOCALOIDの未来

VOCALOIDをはじめとする合成音声技術の進化は、人類が好むと好まざるに関わらず、これからも続いていくはずです。

新しいソフトも継続的に発売されることでしょう。それは受け取る側から見ると「キャラクターや技術の乱立」なのかもしれませんが、作り手側から見ると「自分の曲を歌ってもらう歌手という選択肢の増加」です。いずれにせよ、最終的には作り手やリスナーに支持されたものが残り、それ以外は淘汰(とうた)されていくことでしょう。

ボカロPなどのクリエイターが商業で活動する機会もこれからますます増えていくでしょう。しかし、華々しく活動ができるのはやはりほんの一握りであり、それ以外の大多数を占める人々が、いかにモチベーションを失わず、趣味として長く活動を続けられるかが、日本の創作文化を支えるためには重要であると考えています。

既存の音楽文化や、それ以外の文化との衝突もまだまだ起こるはずです。しかし、「ソフトウェアが歌う文化」というもの自体がいまだかつて人類が到達していなかった未知の領域であり、議論があって当然のことでしょう。この状況をむしろ楽しむ余裕を持って活動をしていきたいものです。

これから、「青春時代を過ごした音楽がボカロ曲」「物心ついた時からVOCALOIDがそこにある世代」が大人になっていきます。その時、いったいどのような曲や創作物が生まれるかが、今から楽しみでなりません。

2

第2章　環境準備編

2-1　曲ができるまでの制作工程を知る

第1章ではDTMやVOCALOIDに関する基本的な知識や心構えを説明してきました。引き続いてこの第2章では、DTMを始めるための環境準備のことを書いていきます。

DTMを始めるために何を用意すればいいのか？　それを知るためには、まずDTMで曲を作るためにどのような作業をやっているかを簡単に理解する必要があります。それによって、揃えるべきものが見えてきます。

その後は、パソコンや機材などのハードウェアと、VOCALOIDやその他音源などのソフトウェアについてそれぞれ触れ、最後に予算別のおすすめ編成をご紹介いたします。

■曲を作るには、どのような作業が必要か

私たちが普段何気なく聴いている音楽ですが、それが完成するまではどのような作業を経ているのでしょうか。

ここでは、ボカロ曲の一般的な制作工程を紹介します。これはボカロ曲に限らずJ-POP、洋楽、アニメソングなど、一般的な「歌モノ」と呼ばれるボーカルが入った音楽であれば、せいぜい「VOCALOIDの打ち込み」が「人間によるレコーディング」になるくらいで、その手法は大きくは変わりません。

◆工程①　構成を考える（→第3章）

曲全体のテーマや展開、構成、使う楽器などを大まかに考えて、メモをしておきます。例えば「Aメロ→Bメロ→サビを2回繰り返して、間奏のあとのCメロに主人公の本音が来るので、ここで一気に盛り上げて……」といったような感じです。

最初にこの部分を考えておくことで、途中で行き当たりばったりに考えることなく曲を作ることができます。

◆工程②　作曲＆作詞（→第3章＆第4章）

構成を考えたら、メロディと歌詞を考えます。

ここでいう「作曲」とは「コード進行、およびコード進行から歌詞を載せるためのメロディを考えること」という意味で、全体としての「音楽制作」の意味ではありません。

よく「作詞と作曲はどちらを先にやればいいですか？」という質問を受けるのですが、これは本当に人それぞれなので一概には言えません。作詞と同時にメロディが思い浮かぶ人もいれば、作った詞にメロディを後からつけるのが得意な人、反対にメロディが完全にできてから歌

詞を考えるのが得意な人もいます。何曲か作って自分のパターンを見つけましょう。

ただし、筆者自身はメロディができてからそれに歌詞の言葉数をあてはめて考えるやり方で多くの曲を制作しており、初心者にも教えやすいので、本書の構成では作曲が先に来ています。

何もない状態でメロディを考えてもいいですし、次の「編曲・打ち込み」である程度ドラムやベースを打ち込んだあと、それに合わせて鼻歌のような感じで歌ってメロディをひねり出す、というやり方もあります。

◆工程③　編曲・打ち込み（→第５章）

ソフトウェア音源（ソフトシンセ）を使ったり、実際に楽器を弾いたりして、曲を曲として成立させる部分です。一番作業量の多い工程であり、ここが腕の見せどころとなります。ギターやバイオリンなど、生楽器の演奏データをコンピューターで打ち込む場合は、音域や演奏技法など、それぞれの楽器の特徴を知っておくと、より自然に仕上げることができます。

「ボーカルの打ち込み」が、一般的に「ボカロ調声」や「調教」と呼ばれる部分となります。専用のソフトウェアで歌詞とメロディを打ち込み、発声の長さやパラメータを調整して、うまく歌わせることを目指します。

◆工程④　ミックス（→第５章）

曲としてより自然に聴けるように、ボーカルや打ち込んだ楽器どうしの音量などのバランスを調整することを「ミックス」と呼びます。音量の調整や、音の左右の振り分けの調整のほか、慣れてくると楽器ごとにエフェクターをかけて細かく音を変えたり整えたりする作業も行います。

◆工程⑤　マスタリング（→第５章）

「マスタリング」とは、ミックスによってバランス調整された音源全体にエフェクターをかけて、ノイズを除去したり音圧を上げたりする、最終仕上げの作業です。

複数の方が参加して1枚のCDを作る場合は、各自がバラバラにミックスした音源を、CD全体を通して音圧などに違和感がないように仕上げる必要があるため、より重要な役割であるといえます。

ボカロPがVOCALOIDを調声している時間は、曲全体の制作工程からすると実はほんの一部、全体の10～20％くらいでしかありません。残りの80～90％は、曲の展開を考えたり、伴奏を作ったり、音を整えたりすることに費やされます。

確かにボーカルは料理にたとえるとメインディッシュなのでしょうが、素材の下ごしらえをしたり、味付けをしたり、盛り合わせをきちんとやらないと輝いて見えませんし、美味しく味わえないのです。

■1曲の完成にかかる時間はどれくらいか

1曲が完成するまでの時間は人によってもさまざまですが、アマチュアであれば、4〜5分の曲を作るのにだいたい20〜50時間くらいかけるのが一般的なようです。

平日は1日1〜2時間、休日はそれより多く時間をかけるとすると、およそ1週間〜1か月というところでしょうか。ある程度慣れるともう少し短い時間で作ることも可能ですが、1曲を作るには『ドラゴンクエスト』のような家庭用ゲーム機のRPGを1本クリアするくらいの時間が必要ということになります。

その一方、例えば小室哲哉氏は全盛期には1年間に100曲以上作っていたらしく、プロがプロである条件は、それなりのクオリティのものを極めて短期間に、しかも継続して制作することができる能力を持っているというところにあるでしょう。

また音楽業界の場合は、ミックスやマスタリングにはそれを専門にしているエンジニアが別に存在しており、作曲家との分業体制が確立しています。メロディだけを作る作曲家と、編曲家が別々のことも多くあります。ボカロシーンにおいても、ミックスやマスタリングを得意とし、他のPの作品でそれらの作業を手がける方が増えています。

使う音源や音楽ジャンルによっても、それぞれの作業量に差が出てきます。例えばトランスなどのクラブミュージック系の曲は、全体を通して少ない種類のコード進行を繰り返したり、楽器もシンセサイザーが中心ということがあるため、多くの場合、比較的短い時間で作曲、編曲、打ち込みができます。しかし気持ちいい音にこだわり出すと、ミックスや、「シンセサイザーの音を作る」という作業に多くの時間が費やされることもあります。

逆に一般的なJ-POPは、Aメロ、Bメロ、サビでそれぞれ違うコード進行をすることも多く、楽器の種類も生楽器からシンセサイザーに至るまで多彩なものとなっています。王道ではありますが、意外と作るのは手間がかかります。なお、ヒップホップなどを元にした最近のJ-POPなどでは、比較的コード進行のバリエーションが少ないものも増えています。

初心者の方は、無理に最初から完璧なものを作ろうとせず、まずは「サビだけでいいから完成させてみよう」(工程1)とか、「最初はピアノだけの伴奏でやろう」(工程3)など、簡単なところから始めていき、「次の曲ではAメロを作ってみよう」「ベースを入れてみよう」など、徐々にステップアップしていくのがよいのではないでしょうか。何曲も手を動かして作っていくことで、自然に自分の得意なやり方が見えるようになってくると思います。

2-2 DTMに必要なもの ハードウェア編

■DTMのためのパソコン選び

さて、曲作りの工程を一通り見てきたところで、早速ですがそれらを実現させるための環境準備を見ていきましょう。最初は、パソコンや機材など、物理的なハードウェアからです。

現在VOCALOIDのソフトウェアは、パソコン版（Windows/Mac）・iOS版が用意されているため、パソコン・iPad・iPhoneのうちのいずれかがあればボカロ曲を作ることができます。Androidスマートフォンやタブレットでも、DTM自体は可能です。

ここ数年の間にタブレットやスマートフォンでの制作環境が劇的に改善され、タッチ操作の利点や機動性を活かして楽曲を作るモバイルDTMを行うユーザーも増えつつありますが、まだ現在の主流はパソコンです。大画面によりストレスが少なく効率的に作業を進めることができ、対応する機材やソフトも充実しています。じっくり腰を据えてDTMを行うのであればパソコンは第一の選択肢となりますので、ここではDTM目的のパソコンの選び方をご紹介します。

◆パソコン本体、OS

デスクトップパソコンでもノートパソコンでも楽曲は制作できますが、どちらかと言うと全体的な性能が高いデスクトップパソコンをおすすめします。

2013年よりVOCALOIDはMacに対応したため、OSはWindowsでもMacでも問題ありません。自由度の高さをとるならWindows、iPadやiPhoneとの連携を重視するならMacがおすすめです。本書では、基本的には利用者の多いWindows環境を前提にして話を進めていきます。

パソコン初心者の方は、とりあえず下記の「CPU」「メモリ」だけ気をつけて富士通やDELLなどのメーカー製新品パソコンを選べば間違いないでしょう。

最近はマウスコンピューターやドスパラなどが発表している「ゲーミングPC」もおすすめです。プロゲーマーが快適にゲームの操作や実況をすることに特化した性能の高さが特徴で、それはそのままDTMや動画制作目的にも転用できるものだからです。デザインもクールなものが多く、創作意欲を刺激されます。

◆ディスプレイ

デスクトップパソコンの場合、可能であれば2台欲しいところです。1画面で音楽制作ソフトを開きつつ、もう1画面で別の情報にアクセスできるため、ディスプレイが1台だけのときに比べて作業の能率は爆発的に上がります。

ノートパソコンの場合でも、スペースがあればディスプレイを1台買ってきて接続するだけで大きく違うはずです。

◆CPU、メモリ

CPUのところに「Core i5」や「Core i7」といった表記があれば安心です。逆に「Celeron」は処理能力が心もとないので避けておくのが賢明です。

複数のソフトウェア音源を同時に鳴らすと大量にメモリを消費するため、メモリの容量はDTMにおいて特に重要な要素です。できれば16GB以上を確保しておきたいところです。スロットに空きがあればメモリは後からでも増設できるので、実際にソフトをいくつか動かしてみて重いと感じたら増設を検討しても大丈夫です。

◆ハードディスク、またはSSD

ハードディスクの代わりにSSD（Solid State Drive）を使うと処理が高速になりますが、容量が多いものは高価ですので財布との相談になります。

それよりも、外付けのハードディスクを1台買って、バックアップを定期的に取ることのほうが重要です。長い時間をかけて作った曲データが完成直前に失われることになったら目も当てられません。

◆サウンドカード

サウンドカードをつけると音質が向上しますが、ゲームなどの音を楽しむために音が変に味付けされる機種もあります。

DTMが目的であれば、どちらかというと付け替えも簡単な、USBケーブルなどで外付けできるオーディオインターフェースを購入したほうがいいと思います。詳しくは後述します。

◆その他

グラフィックボードを性能の高いものに付け替えると、動画制作のときのモタツキが減って快適になります。

インターネットに繋げる環境は必須です。さまざまな機材をパソコンに接続する関係上、ケーブルはなるべくすっきりさせておきたいので、無線LANをおすすめします。

■音楽制作に便利な機材を揃える

最低限パソコン、タブレット、スマートフォン（以下これらをまとめて「デバイス」と呼称します）のいずれかがあればDTMをやるための環境はできますが、それに加えて以下の3つを揃えておくと便利です。

◆MIDIキーボード

MIDI信号（演奏情報）を送信するための、ピアノを模した鍵盤です。単体では音は出ませんが、デバイスとUSBケーブルなどで接続し、デバイスにインストールしたソフトウェア音源を鳴らすことで音を出す仕組みです。

マウスで1つずつ音を打ち込んでいくよりも非常に効率的に作業を進めることができます。リアルタイムで鍵盤を弾けば「録音」もできますし、ソフトウェア音源の音の確認も楽ですので、本格的にDTMをやるのであれば、ピアノやキーボードが弾けなくても買っておきましょう。

◆ヘッドフォン、スピーカー、イヤホン

出した音を確認するために、どれかは必須です。一般家庭においては一軒家でもマンションでもあまり大きな音は出せないと思いますので、まずはヘッドフォンかイヤホンのどちらかがあると便利です。

上級者には音に変な味付けがされないDTM用の「モニターヘッドフォン」をすすめていますが、初心者は必ずしもそれにこだわる必要はないと思っています。iPhoneの付属イヤホンでも構いません。筆者も最近まで10年以上、モニター用ではないオーディオテクニカ社の「ATH-AD700」をメインのヘッドフォンとして使っていました。

DTMを快適に楽しむためには、長時間つけても頭や耳が痛くならない装着感が重要ですので、新しく購入する際は実際に店に出向いて試着することをおすすめします。

反対に、スピーカーはモニター用のものを最初から買うことをおすすめしています。

◆オーディオインターフェース

オーディオインターフェースとは、以下の機能を備えた機器で、多くは英和辞典ほどの大きさの箱型をしています。

・マイクやギターなどを接続できる、入力用の端子
・ヘッドフォンやスピーカーを接続できる、出力用の端子
・USBケーブルなどでデバイスと接続できる仕組み

デバイスに直接スピーカーやヘッドフォンを接続しても曲作りはできますが、音質の良さと音の遅延（MIDIキーボードを弾いてからデバイス内のソフトウェア音源が音を出すまでの時間）の少なさという観点から、オーディオインターフェースを別途買うことをおすすめします。機種によっては、音楽制作ソフトがおまけでついてくるものもあります。

【参考】

▼「DTM初心者のためのMIDIキーボード選び 2018」（藤本健のDTMステーション）
https://www.dtmstation.com/archives/51899036.html

▼「DTM初心者のためのオーディオインターフェイス選び 2018」（同上）

https://www.dtmstation.com/archives/51971048.html

2-3　DTMに必要なもの　ソフトウェア編

ハードウェアに続いては、DTMを行うにあたり、デバイスにインストールして使うソフトウェア（アプリケーション）について説明します。

DTMを始めるにあたって、最低限必要なソフトは音楽制作ソフトのみです！　しかも無料で十分な機能を備えたものもあります。ボカロ曲を作るのであれば、それに加えてVOCALOIDソフトが必要ですが、こちらもパソコン版の体験版が公開されており、門戸は誰にでも開かれています。

■音楽制作ソフト（DAW）

音楽制作ソフトとは、読んで字のごとく音楽を制作するためのソフトウェアです。「Digital Audio Workstation」を略してDAW（「ダウ」または「ディーエーダブリュー」）とも呼ばれます。

DAWでは、2-1「曲ができるまでの制作工程を知る」で説明した曲の制作工程のうち、「作曲」「編曲」「ミックス」「マスタリング」を一通りできます。なかには「構成を考える」こともDAW上で打ち込みながら進める方もいます。DAWが苦手とするのは「作詞」くらいでしょう。

各楽器の打ち込みは、主に「ピアノロール」と呼ばれる、音楽ゲームの画面を横倒しにしたようなもので行われます。ここで、音の高さとタイミングをマウスやタップなどの操作で入力していくことで、楽器の音が鳴る仕組みです。2-2「DTMに必要なもの　ハードウェア編」で説明した「MIDIキーボード」があると、打ち込みが若干楽になります。なお、五線譜で入力できるDAWもあります。

音のデータを楽器の数のぶんだけ並べて、それぞれの音量のバランスをとったり、左右に音を振り分けたり、エフェクターをかけたりして音楽を作っていくというわけです。

●DAWの1つ「Cakewalk by BandLab」の画面。

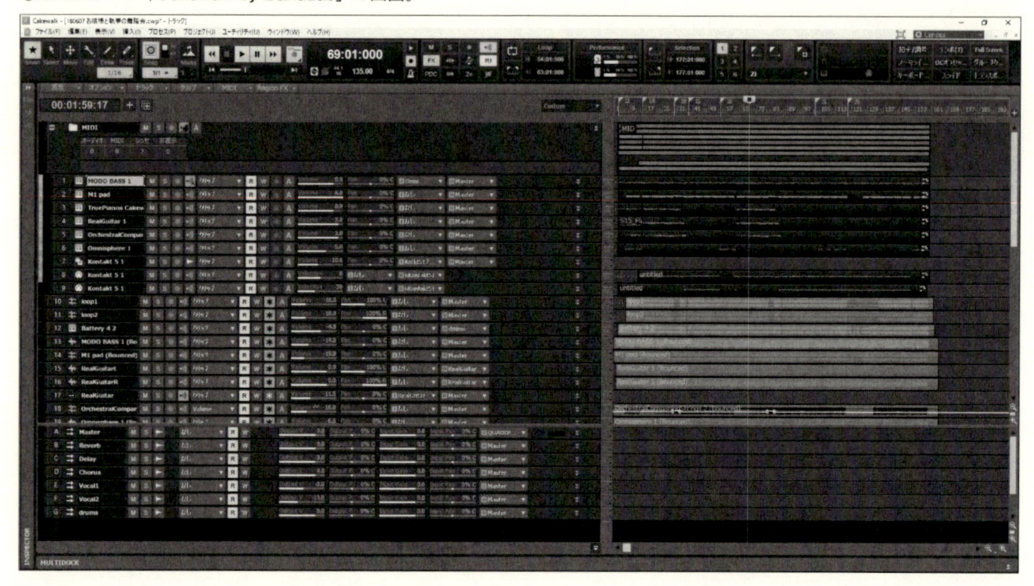

●DAWのピアノロール画面。ここで音程と発音タイミングを打ち込む。

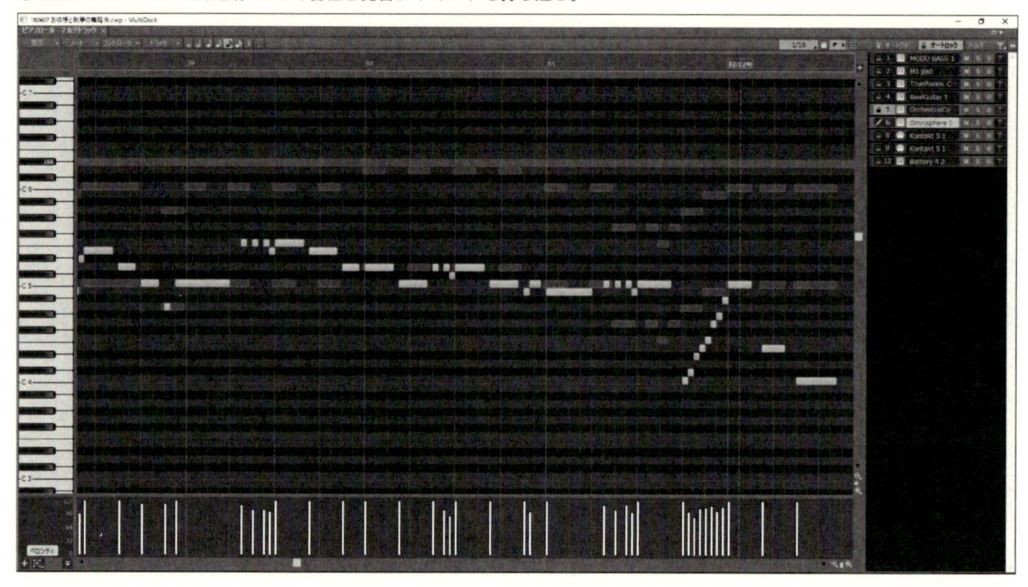

■パソコンで無料のDAWを使う

◆BandLab「Cakewalk by BandLab」

https://www.bandlab.com/products/cakewalk/

Windowsのみ対応。2018年現在Windowsユーザーにとって無料のDAWとして最もおすすめできるのがこの「Cakewalk by BandLab」です。
もともとは伝統のある有料DAW「SONAR」が紆余曲折を経て無料化されたもので、音源が必要最小限のものになった以外は、数万円した「SONAR」の機能が一通り搭載されているため、無料としては破格の性能を誇ります。筆者はSONAR時代からこのDAWを愛用しています。

◆Apple「GarageBand」

https://www.apple.com/jp/mac/GarageBand/

開発元はあのAppleで、MacやiPhoneを買えば標準でついてくるDAWとなっています。わかりやすい操作と豊富な音素材で、初心者の方が楽しみながら曲を作り上げていく体験を得られる設計思想が特徴です。有料の上位版となる「Logic」は、プロにも愛用されている代表的なDAWの一つです。

■パソコンの代表的な有料DAW

前述のCakewalkやGarageBand以外の、DTMユーザーに人気のDAWをいくつか紹介します。どれも体験版がダウンロードできますので、自分に合いそうなものを選んでみてください。

◆Steinberg「Cubase」

http://japan.steinberg.net/jp/

スタインバーグというドイツの会社が制作したDAWで、国内ではヤマハが取り扱っています。同じくヤマハ製であるVOCALOIDに対して連携の仕組みが進んでおり、ボカロ曲の制作に向いているDAWと言えます。Windows、Mac両対応です。

◆Presonus「Studio One」

https://www.mi7.co.jp/products/presonus/studioone/

Windows、Macの両方に対応しています。DAWとしては比較的後発のソフトウェアですが、安定性と音質の高さから定番ソフトウェアのひとつという地位を確立しました。「初音ミクV4X」などクリプトン社のVOCALOIDを購入すると同梱されているDAWがこの「Studio One」です。

◆Image-Line Software「FL Studio」

http://www.image-line.com/flstudio/

「FL Studio」は、直感的に音を並べた曲作りを得意とするDAWです。ソフトを開いてすぐに音を出せるので、気合を入れて「曲を作る！」と挑まなくても、暇なときに適当に音を並べて遊ぶ感覚でDTMができます。体験版はファイルを保存できないこと以外は製品版と同じで、日数制限もないのでとても太っ腹です。こちらもWindowsとMacに対応しています。

●「FL Studio」の画面（一部）。

■タブレット・スマートフォンでDAWを使う

iPadやiPhoneにおいては、前述の「GarageBand」が最初から用意されており、これが第一の選択肢となるでしょう。Mac版との連携もしやすく、通勤・通学中にiPhoneを使いざっくりと制作したものを自宅のMacで仕上げる、という制作スタイルも可能です。

Androidの場合は「Music Maker JAM」「3分作曲 -musicLine-」などのアプリで無料の曲作りを楽しむことができます。また、SamsungのGalaxyシリーズをお使いであれば「サウンドキャンプ」という同社が制作した無料DAWをダウンロードできます。

有料のものでは「KORG Gadget」（iOSのみ対応。他にMac版やNintendo Switch版もあり）、「FL Studio Mobile」（iOS/Android両対応）などが知られています。

▼KORG「KORG Gadget」

https://www.korg.com/jp/products/software/korg_gadget/

▼Image-Line Software「FL Studio Mobile」

https://www.image-line.com/flstudiomobile/

■VOCALOIDソフト

続いてボカロ曲を作るために必須となる、VOCALOIDソフトの紹介です。

VOCALOIDソフトは「VOCALOIDエディタ」と「ボイスバンク（歌声ライブラリ）」の2つのパーツから構成されています。

◆VOCALOIDエディタ

例えるならば**ゲーム機の本体**です。ボイスバンクを選択して、DAWのピアノロールと同じような画面で歌詞とメロディを打ち込むことによりVOCALOIDを歌わせることができます。現在発売しているものは、次の3種類があります。

《Windows・Mac用》

・純正品となるヤマハの「VOCALOID5」

ボイスバンクが4人分付属する「STANDARD」と、8人分ついてくる「PREMIUM」の2つのバージョンが発売されています。エディタの性能自体はどちらでも一緒です。

・クリプトンが独自に開発した「Piapro Studio」

前バージョンの「VOCALOID3」「4」をベースに、クリプトンが独自機能を加えたVOCALOIDエディタです。クリプトンのボイスバンク（「初音ミクV4X」など）を購入すると付属します。

《iPad・iPhone用》

・ヤマハの「Mobile VOCALOID Editor」

ボイスバンクが1人付属します。アプリ内から買い足すこともできます。

●「VOCALOID5 Editor」の画面

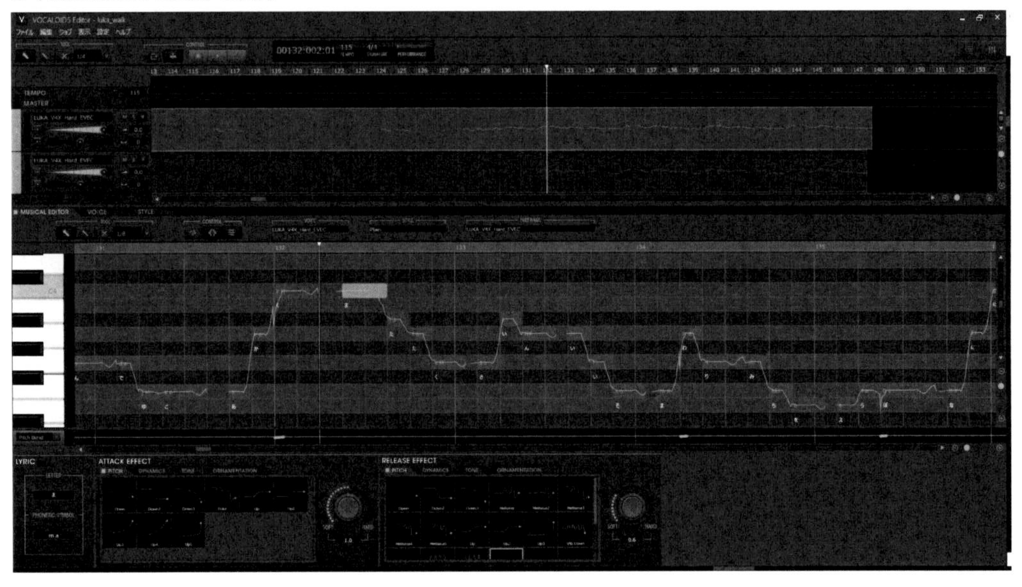

◆ボイスバンク（歌声ライブラリ）

エディタをゲーム機の本体とすると、こちらは**ゲーム機に差し込むソフト**です。VOCALOIDエディタで歌わせるための歌声が収録された音源ソフトで、「初音ミク」「Megpoid」「IA」「結月ゆかり」など、ヤマハとライセンス契約を結んでいる各社からさまざまなボイスバンクが発売されています。

購入時は、VOCALOIDエディタが対応しているバージョンのボイスバンクを適切に選ぶ必要があります。VOCALOIDエディタの対応しているバージョンと、現在主要なボイスバンクのバージョンを一覧表にまとめましたので、参考になさってください。

●VOCALOIDソフトのバージョン一覧表

(2018年10月末現在)

<table>
<tr><th>VOCALOID
バージョン</th><th>VOCALOID</th><th>VOCALOID2</th><th>VOCALOID3</th><th>VOCALOID4</th><th>VOCALOID5</th></tr>
<tr><td>リリース年</td><td>2003年</td><td>2007年</td><td>2011年</td><td>2014年</td><td>2018年</td></tr>
<tr><td rowspan="3">対応
VOCALOID
エディタ</td><td rowspan="3"></td><td colspan="2">Piapro Studio (VOCALOID3ボイスバンク同梱版)</td><td colspan="2"></td></tr>
<tr><td colspan="3">Piapro Studio (VOCALOID4ボイスバンク同梱版)</td><td></td></tr>
<tr><td></td><td colspan="3">VOCALOID5</td></tr>
<tr><td>対応
ボイスバンク
(現在主要な
ものを記載)</td><td></td><td></td><td>クリプトン社
・KAITO V3
・MEIKO V3

インターネット社
・Lily　他

1st Place社
・IA</td><td>クリプトン社
・初音ミク V4X
・鏡音リン・レン V4X
・巡音ルカ V4X

インターネット社
・Megpoid
・がくっぽいど
・音街ウナ

AHS社
・結月ゆかり
・紲星あかり　他</td><td>ヤマハ社
・VOCALOID5付属ボイスバンク

AHS社
・桜乃そら</td></tr>
</table>

■VOCALOIDソフトの体験版を使う

VOCALOIDを試しに使ってみたいという方に役に立つのが体験版です。

クリプトンのサイトでは、VOCALOIDエディタ「Piapro Studio」とボイスバンク「初音ミクV4X」(Original DB)を39日間機能制限なく試すことのできる体験版を公開しています。

「Cakewalk by BandLab」や「GarageBand」などの無料DAW上でも動かすことができますので、完全無料で誰でもVOCALOIDの入口を体験できるのです。書き出した音声をオケと合わせ、ちゃんとした楽曲として発表することもできます。

▼クリプトン「HATSUNE MIKU V4X TRIAL」(無料の会員登録が必要)

https://sonicwire.com/product/A2229

■その他、あれば便利なもの

DAWにあらかじめ搭載されている音源やエフェクターに物足りなくなったら、楽器やシンセサイザーなどのメーカーが単品で発売しているものを試してみるとよいでしょう。

また、メーカーが宣伝目的で配布しているものや、有志の方が開発されたものなどは、無料で公開されている場合もあります。

2-4　予算別DTM編成

■DTMに必要な機材とソフトウェアを買い揃える

ここまで、DTMを始めるには以下のものが必要であることを説明しました。

《ハードウェア》
・デバイス（パソコン、タブレット、スマートフォン）　※必須
・MIDIキーボード
・ヘッドフォン、イヤホン、もしくはスピーカー
・オーディオインターフェース
《ソフトウェア》
・DAW　※必須
・VOCALOIDエディタ　※ボカロ曲を作る場合は必須
・ボイスバンク　※ボカロ曲を作る場合は必須

このうち、デバイスの選び方については2-2「DTMに必要なもの　ハードウェア編」で解説しました。ここではそれら以外に必要なものの選び方を、主に予算の観点から見ていきたいと思います。

VOCALOID音源の選び方については1-4「曲を通じて何を表現したいのかを意識する」もご覧頂き、ご自分のタイプに合いそうなものを比較検討してみてください。

価格は2018年10月現在のAmazon、楽器やPA機器を主に扱うネット通販ショップ「サウンドハウス」（https://www.soundhouse.co.jp）などでの実売価格を参考にしています。

◆梅プラン（気軽にモバイルDTM・予算15,000円前後）

《iPad/iPhone》
・MIDIキーボード：KORG「MicroKEY2-25 Air」　6,500円
・イヤホン：普段から使っているもの
・オーディオインターフェース：無し
・DAW：GarageBand
・VOCALOIDエディタ＋ボイスバンク：「Mobile VOCALOID Editor」＋好きな追加ボイスバンク1個　7,200円

普段使っているiPadやiPhoneで気軽に曲作りを始めたいという方向けのプランです。そのためイヤホンは普段使っているものをそのまま流用する前提となっています。DAWは無料のGarageBandで気軽にはじめてみましょう。

「MicroKEY2-25 Air」は、デバイスとBluetooth MIDIという技術によりワイヤレスで接続できるMIDIキーボードであり、音楽制作のイメージのひとつとして持たれがちな「ケーブル接続の煩わしさ」という光景を覆す製品となっています。25鍵盤で大きさも比較的コンパクトであり、カバンに入れて持ち歩くことも可能です。

「Mobile VOCALOID Editor」は定価4,800円でApp Storeからダウンロードできます。ソーシャルゲームの10連ガチャを1回我慢すれば手が届くくらいのお値打ち感が魅力です。

デフォルトで「VY1 Lite」というボイスバンクが用意されており、すぐに歌わせることができますので、まずこれを試してみましょう。「初音ミク」「結月ゆかり」などの著名なボイスバンクは別途アプリ内から2,400円で購入する形式です。

◆竹プラン（パソコンではじめるDTM・予算３万円前後）

《Windows/Mac》

・MIDIキーボード：KORG「MicroKEY2-25 Air」　6,500円
・ヘッドフォン：Superlux「HD681」　3,000円
・オーディオインターフェース＋DAW：Steinberg「UR-12」　9,000円
・DAW＋VOCALOIDエディタ＋VOCALOID音源：クリプトン「初音ミクV4X」もしくは他のクリプトンボカロ　14,000円

「初音ミクV4X」をはじめとするクリプトンのVOCALOID製品には、ボイスバンクのほか、VOCALOIDエディタ「Piapro Studio」と、DAW「Studio One Artist Piapro Edition」が同梱されているため、これひとつを買うだけでソフトウェア環境が全部揃い、すぐに音楽制作を始めることができます。

「UR-12」は、入出力系統を最小限にして価格を抑えたオーディオインターフェースです。DTM目的であれば最初はヘッドフォンさえ接続できればよいので、これで十分かと思います。また、この機材にはDAW「Cubase AI」も同梱されています。上記の「Studio One Artist Piapro Edition」や、無料DAWとの比較で気に入ったものをメインにしましょう。

「MicroKEY2-25 Air」はUSBケーブルでの接続もできますので、もしパソコンがBluetoothに対応していなかった時も安心して使えます。Bluetoothを使わない前提であればより安価な「MicroKEY2-25」もあります。

ヘッドフォンは、海外製となりますがモニター用のものが3,000〜5,000円前後で売っています。先ほども述べましたが、実際の店舗に出向いて何種類か試着することをおすすめします。

「そんなに予算がないよ！」という方は、まずはVOCALOIDとヘッドフォンを優先して買

い、その後MIDIキーボード、オーディオインターフェースの順番で揃えていくのをおすすめします。

VOCALOIDすら買うお金がないという方は、Windowsの場合は「UTAU」(http://utau2008.web.fc2.com)、Macの場合は「UTAU-Synth」(http://utau-synth.com)を使っていきましょう。ソフト本体は支払い義務のないシェアウェアとして公開されており、ほとんどの音声ライブラリも有志が無料で公開しています。単なるVOCALOIDの代替手段ではなく、UTAU独自の文化が確立されており、よりフリーダムな世界に飛び込みたいという方は積極的に使ってみるのもよいと思います。

◆松プラン（パソコンで本格DTM・予算10万円前後）

《Windows/Mac》
・MIDIキーボード：M-AUDIO「Oxygen 49」　14,000円
・ヘッドフォン：SONY「MDR-CD900ST」　16,000円
・オーディオインターフェース：Steinberg「UR22mkII」　18,000円
・DAW：無料・付属DAWに不満が出てきたらアップグレードを検討　　20,000円〜30,000円
・VOCALOIDエディタとVOCALOID音源：
　・クリプトン「初音ミクV4X」もしくは他のクリプトンボカロ　14,000円
　・好きなVOCALOIDがいれば別途購入
　・(予算があれば) YAHAMA「VOCALOID5 STANDARD」　27,000円

MIDIキーボードはここでは49鍵盤のタイプを紹介しています。鍵盤が多ければ多いほど打ち込みも楽になりますが、その分、場所を取るので横幅が机に合うかどうかをよく確認してください。

ちなみに、もう少し予算がある場合は自動伴奏機能付きのキーボードでパソコンにも接続できるタイプをおすすめします。左手の指一本で伴奏全体を鳴らせるものもあるので、演奏が苦手でも曲のアイデア出しが捗ります。筆者はKORGの「microARRANGER」を愛用しているのですが、発売終了になってしまったので同じKORGの最新機種「EK-50」をおすすめします（販売価格40,000円前後)。

「MDR-CD900ST」は1989年の発売以降30年間近くにわたってロングセラーを続けているヘッドフォンです。モニターヘッドフォンでは大定番とされている機種で、これを購入しておけばまず間違いはないでしょう。

「UR22mkII」は、「UR-12」の入力系統が増えたバージョンです。ギターやマイクを接続してのレコーディングをお考えであればこちらを選びましょう。

DAWは無料や付属品のものでも初心者には十分すぎるほど高機能なので、まずはそれらを使い倒してお気に入りのDAWを決めるのが先です。どれを好きになるかで、その先のルートが異なっていきます。

・「Studio One Artist Piapro Edition」が好き→「Studio One Professional」へのアップグレードを検討
・「Cubase AI」が好き→「Cubase Elements」「Cubase Artist」へのアップグレードを検討
・「GarageBand」が好き→「Logic」の購入を検討

いずれも2〜3万円台でアップグレードもしくは購入が可能です。なお無料の「Cakewalk by BandLab」には上位バージョンがありませんので、このDAWを気に入った場合は音源ソフトを買い足していくことが制作環境のパワーアップにつながります。

VOCALOIDエディタに関しては、これから普及していくVOCALOID5を将来的には購入していく方向性になるかと思うのですが、現状は「初音ミクV4X」などのクリプトンのVOCALOIDを購入して「Piapro Studio」を手に入れるのがより安価となります。クリプトン以外のVOCALOIDを歌わせたい場合は、別途購入してそれを「Piapro Studio」に読み込ませることになります。

3

第3章　オリジナル曲を作る　作曲編

◉

3-1　作曲の基本

いよいよ、楽曲の制作について本格的に書いていきます。本章では、音楽制作の過程のうち「曲の構成を考えること」と「作曲（メロディ・コード作り）」にスポットライトを当てて、1曲のメロディラインを完成させることを目標に進めたいと思いますが、まずは作曲にあたって前提となる知識を書きたいと思います。ここでは、「音階」「小節」「テンポ（BPM）」の3つについて触れていきます。

■音階（ドレミ）について

ピアノの鍵盤を思い浮かべてください。白い鍵盤と黒い鍵盤が並んでいると思います。このうち白い鍵盤がよく馴染みのある「ドレミファソラシド」の部分となります。では黒い鍵盤は？これは、それの中間の音です。「ド#」「レ#」「ファ#」「ソ#」「ラ#」の5個あります。曲で使われる音の高さは、「ドレミファソラシ」の7音しかないわけではなく、下のように12音あるわけです。

ド　ド#　レ　レ#　ミ　ファ　ファ#　ソ　ソ#　ラ　ラ#　シ

●ピアノの鍵盤

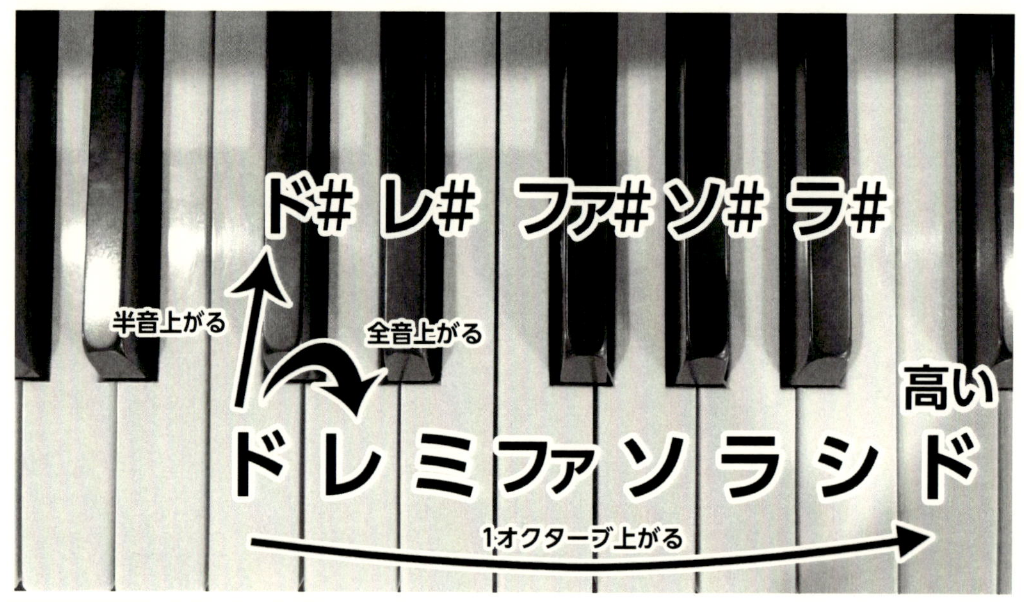

「ド」から「高いド」になると、音の高さがちょうど2倍になります。その2倍の中をゆるやか

に12個で区切ったのが、現在使われる一般的な音階というわけです。どうして12個になったのかという理由には数学の要素が絡んでおり、それだけで一冊の本が作れてしまうので、初心者の方は「ハーモニーが作りやすいように先人たちが整備した」というくらいの認識で大丈夫です。

「ド」から「ド#」、「ド#」から「レ」など、この1段階音が上がることを「半音上がる」と言います。「ミ」から「ファ」、「ラ」から「シ」に上がることも「半音上がる」となります。

「ド」から「レ」のように、2段階音が上がることは「全音上がる」と呼びます。

また、「ド」から「高いド」に上がることを「1オクターブ上がる」と呼びます。よく人間の歌手に「5オクターブの歌姫」のようなキャッチフレーズがついていることがありますが、これは「ドからその5個上のドまでの声が出せる」という意味となります。

つまり本質的には、作曲とはこの12個の音をどのように組み合わせて、心を打つ音の順番・流れ（＝メロディ）や複数の音を重ねたときの美しさ（＝ハーモニー）を生み出すかという行為になります。

それでは、これらの音はどのように組み合わせ・並べ方を考えればよいのでしょうか。実はこれにはいくつかの法則がありますので、3-3「コード進行の法則」、3-4「作ったコード進行にメロディを載せる」で追って詳しく見ていくことにします。

■拍子と小節について

皆さんが普段触れている曲は、ごく一部の特殊なものを除いては一般的に「拍子(ひょうし)」（拍(はく)、ビート）があります。試しに音楽を聴きながら手を叩いてみると、一定の間隔ごとに叩けることがわかるでしょう。これを一回の拍手ごとに1拍、2拍……と数えます。

さらに手を叩き続けると、何拍かごとにキリのいい頭の部分が現れることがわかるかと思います。この「キリのいい頭の部分」から「次の頭の部分」までの長さを「1小節」と呼びます。

現代のポップスで一般的なのは、4拍で1小節となるパターンです。そうなる曲のことを「4/4（4分の4）拍子」、もしくは単に省略して「4拍子」の曲と呼びます。ワルツなどは3/4拍子（3拍子）、行進曲などには2/4拍子（2拍子）のものがあります。DAWを開いて何も設定をしない場合、ほとんどが最初から4/4拍子の曲を作るように最適な設定となっています。

また、このときの拍から次の拍までの長さが、「4分音符1個分の長さ」です。

「4/4」「3/4」「2/4」の分母の「4」は4分音符のことを意味しており、4分音符が4つ入る曲が4/4拍子、3つ入る曲が3/4拍子というわけです。

4分音符の倍の長さの音符を「2分音符」と呼びます。逆に、4分音符の半分の長さの音符を「8分音符」、さらに半分のものを「16分音符」と呼び、無限に細かくしていくことができます。

音楽は「4」という数字と相性が良いようで、小節についても4小節や8小節・16小節といった単位で、イントロからAメロ、サビへと展開していくことが一般的です。曲の展開の考え方については、次の3-2「曲の構成を考える」で詳しく取り扱います。

●拍子と音符・小節の関係（4/4拍子の場合）

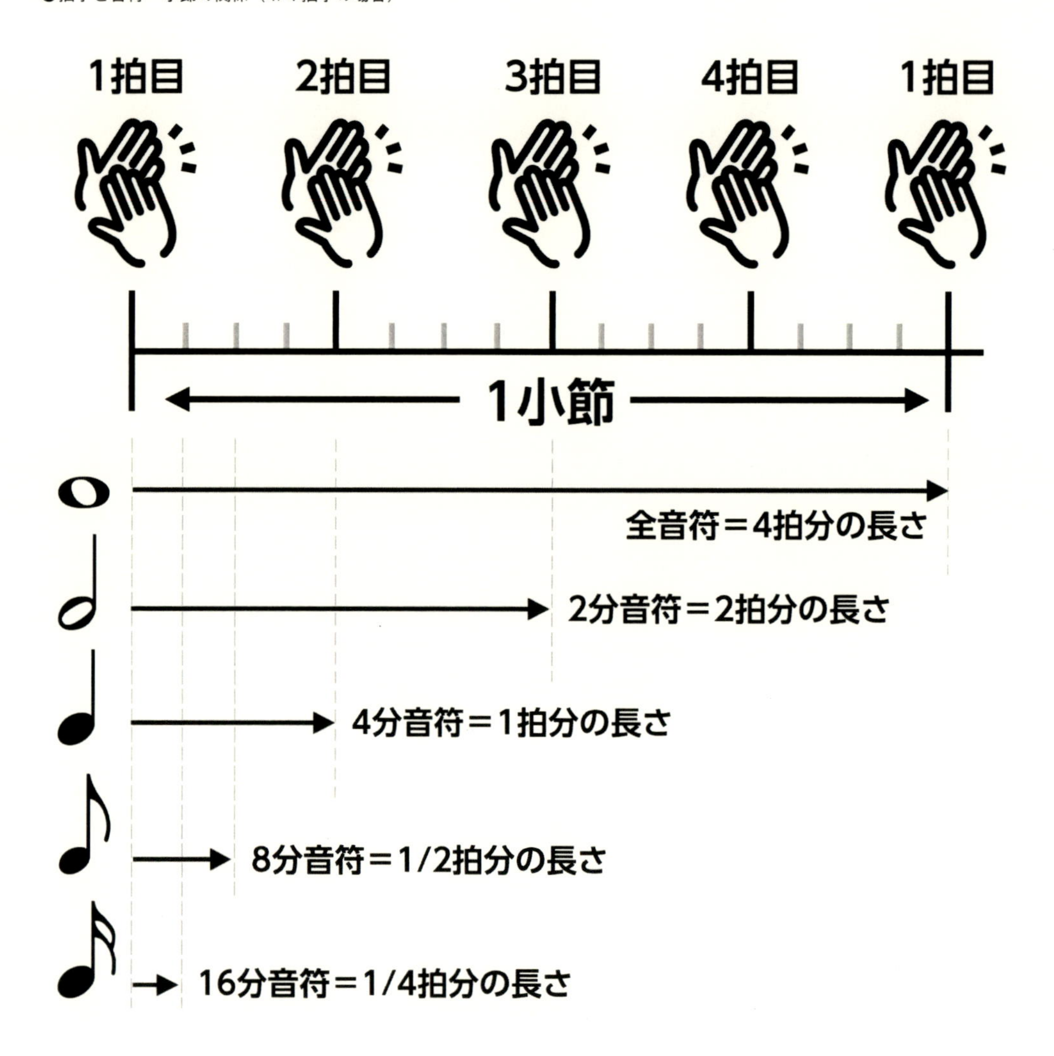

■曲のテンポとその単位「BPM」について

音楽を制作するにあたり重要な要素のひとつに、曲のテンポ・速度があり、その単位として、よく「BPM」という言葉を使います。

BPMとは、「beats per minute」（1分間あたりの拍）を略したもので、文字通り1分間に刻む拍数を示す単位です。1秒間に2回拍が刻まれていたら、その60倍で120BPMということになります。

BPMと拍の速さの関係は、音楽室などにあるメトロノームを思い浮かべてもらえるとよいと思います。今はネット上でメトロノームを再現する無料のWebサイト（「http://tateita.com/web_audio_metronome.html」など）や、スマートフォン用のアプリがありますので、それを触っていただけると、「ああこのBPMだとこれくらいの速さで拍を刻むんだ」ということがなんとなくわかると思います。

BPMという言葉は、音楽ゲームをやっている人にとってはなじみのある言葉かもしれません。音楽ゲームで曲を選択する画面には、曲のBPMが書かれていることが多いからです。一般的にはこれが高い数字であるほど手数の多く慌ただしい曲調であることが予想されるため、難易度の判断に一役買っているというわけです。

ちなみに、作曲に携わる方の間では「この曲のBPMは150です」という言い方をよくすることがありますが、この言い方は厳密には誤りです。

「BPM」というのは「メートル」や「秒」と同じような「単位」ですので、「この曲のテンポは150BPMです」という言い方が正しいことになります。

しかし、DTMや作曲に関する解説サイトなどを見ても「この曲のBPMは150です」のような言い回しが多くされており、「BPMはテンポを表す単位」というよりも、ほとんど「BPM＝テンポ」という意味となっているのが現状です。よって、本書ではこの現状の大勢に従って解説を続けていくことにします。

■曲のテンポの決め方

いざ実際に音楽制作ソフトを開いて曲を作ろうということになった際、おそらく最初に行うことになるのが、このテンポを決める作業になると思います。それでは、具体的にこの値はどれくらいに設定したほうがいいのでしょうか。

多くの場合、ジャンルによって、セオリーとされるBPMの幅は決まっています。ヒップホップやR&Bであれば100くらい、トランスであれば140くらい……といった感じです。

同じBPMを設定しても、作るジャンルによってはすごく速く感じられたり遅く感じられたりすることもあります。

例えばバラードやヒップホップなどを作りたいのにBPMを150に設定してしまうと、これはもうものすごく速いと感じます。逆にロックで150BPMでは、まあミドルテンポという感じになります。ニコニコ動画でヒットしたテンポの速いロックは200BPMを超えることもよくあるので、それに比べると遅めに感じられる曲ができるでしょう。

また、「体感での速さ」というのは、ボーカルの譜割り、どれくらい細かく歌うのかによってもかなり異なる結果になることがあります。

例えば、「みくみくにしてあげる♪」（160BPM）と「裏表ラバーズ」（159BPM）を聴き比べると、ほとんど同じBPMでも後者のほうが圧倒的に歌詞が詰め込まれている分、体感でも速く感じられるのではと思います。

「この曲のようなジャンルの曲を作りたい」といった場合、まずは目標とする曲のBPMを調べて、それに近い値を設定すればよいでしょう。

拍に合わせてタップすることでその間隔からBPMを割り出してくれるスマートフォンアプリは、「BPMカウンター」「テンポカウンター」などの名前で検索するとたくさん見つかります。

また、Pioneer DJの「rekordbox」というDJ用楽曲管理アプリ（iOS/Android両対応、無料）では、読み込んだ曲のBPMを自動で解析してくれる機能があります。

次の表では、主要ジャンルおよび有名なボカロ曲のBPMを一覧にして掲載しています。こちらを参考にしながら設定してみてください。

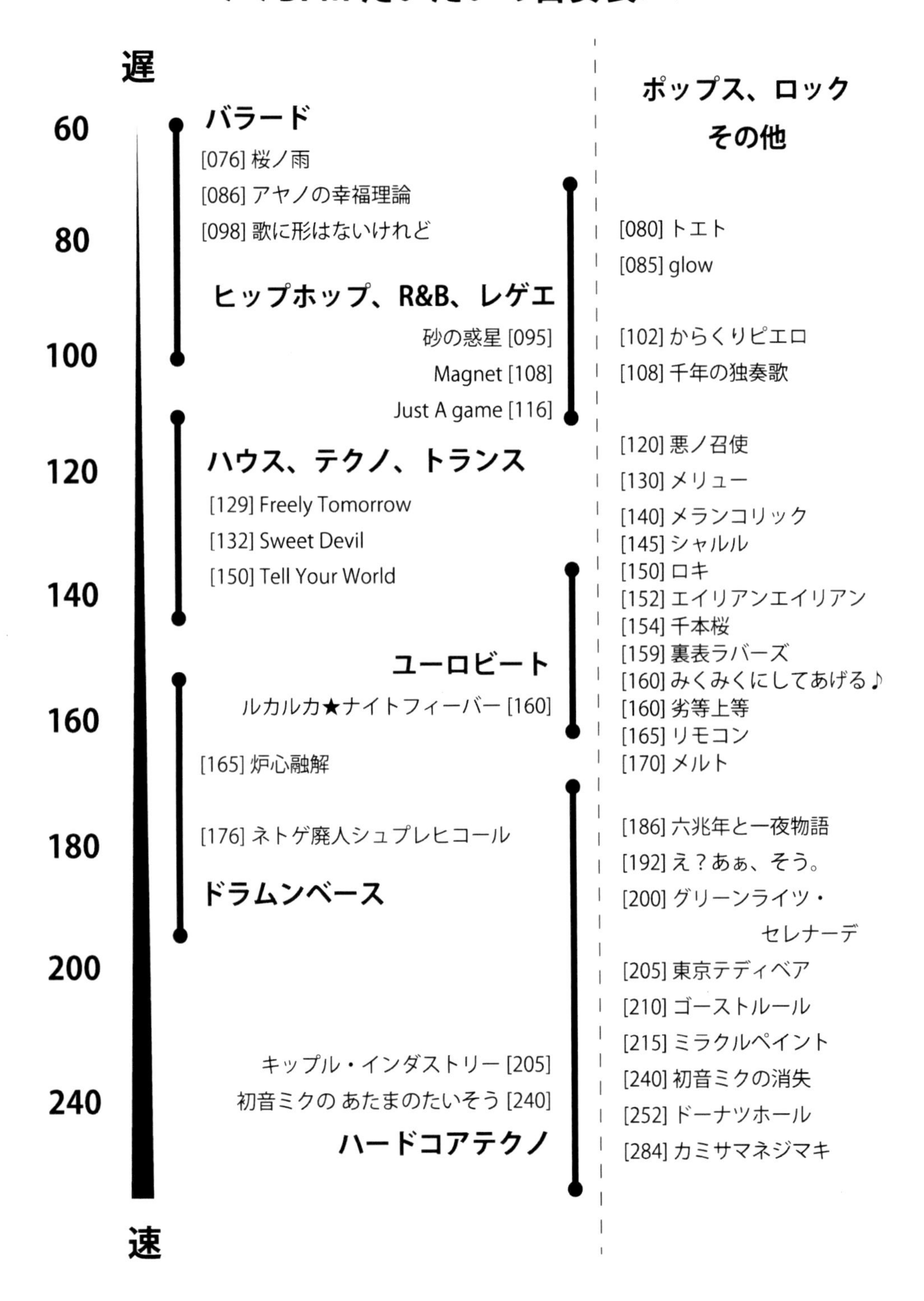

<<BPMだいたいの目安表>>
遅
60
80
100
120
140
160
180
200
240
速
バラード
[076] 桜ノ雨
[086] アヤノの幸福理論
[098] 歌に形はないけれど
ヒップホップ、R&B、レゲエ
砂の惑星 [095]
Magnet [108]
Just A game [116]
ハウス、テクノ、トランス
[129] Freely Tomorrow
[132] Sweet Devil
[150] Tell Your World
ユーロビート
ルカルカ★ナイトフィーバー [160]
[165] 炉心融解
[176] ネトゲ廃人シュプレヒコール
ドラムンベース
キップル・インダストリー [205]
初音ミクの あたまのたいそう [240]
ハードコアテクノ
ポップス、ロック
その他
[080] トエト
[085] glow
[102] からくりピエロ
[108] 千年の独奏歌
[120] 悪ノ召使
[130] メリュー
[140] メランコリック
[145] シャルル
[150] ロキ
[152] エイリアンエイリアン
[154] 千本桜
[159] 裏表ラバーズ
[160] みくみくにしてあげる♪
[160] 劣等上等
[165] リモコン
[170] メルト
[186] 六兆年と一夜物語
[192] え？あぁ、そう。
[200] グリーンライツ・
セレナーデ
[205] 東京テディベア
[210] ゴーストルール
[215] ミラクルペイント
[240] 初音ミクの消失
[252] ドーナツホール
[284] カミサマネジマキ

3-2　曲の構成を考える

ここまで、音階、拍子と小節、テンポのことを説明してきました。ここからは、曲作りの最初の作業である工程①「構成を考える」ことを説明していきます。

■世の中には、さまざまな種類の音楽があふれている

まず、「DTMによって音楽を作る楽しみ」という根元の部分を考えると、「長さ3〜4分でボーカルのある曲」のみに必ずしもこだわらなくてもよいことを申し上げたいと思います。

今の日本でもっとも「この瞬間に聴かれている音楽」とは何でしょうか？

筆者はそのひとつに、スマートフォン用ゲームのBGMがあるのではないかと考えています。例えば、『パズル＆ドラゴンズ』のBGM（作曲：伊藤賢治）は、何度聴いても不思議と飽きない音楽となっており、適度にゲームへの緊張感を盛り立ててくれます。

「音楽を作る」というと、最初に思い浮かぶのはやはり「歌が主役で、Aメロ、Bメロ、サビとあって、1番、2番＋αがあって、3〜4分くらいの曲」という、一般的なアーティストが発表する商業音楽のフォーマットになると思います。しかしそれがすべてではありません。世の中にはいろいろな音楽があふれています。

普段は当たり前すぎて意識しない音をなるべく意識して、1日を過ごしてみましょう。あなたを起こすスマホのアラーム音。テレビからはCMソング。ニュース番組にもBGMやSEがあります。他にも電車の発車ベルや、飲食店でのBGMなどもあるでしょう。音という要素は案外生活の中に溶け込んでいることが分かります。それらはシチュエーションに合わせ、長さやジャンル、ボーカルの有無などもさまざまです。

短い時間の音楽でも人の行動を変えたり、コミュニケーションのためのツールや話題になることが往々にしてあるというのは、CMソングを見れば明らかです。BGMやSEにも、人の心理や気分を変える力があります。

以下に、日常の中で耳にする音や音楽を、その長さに注目してまとめてみました。

●日常に流れる音楽の「長さ」

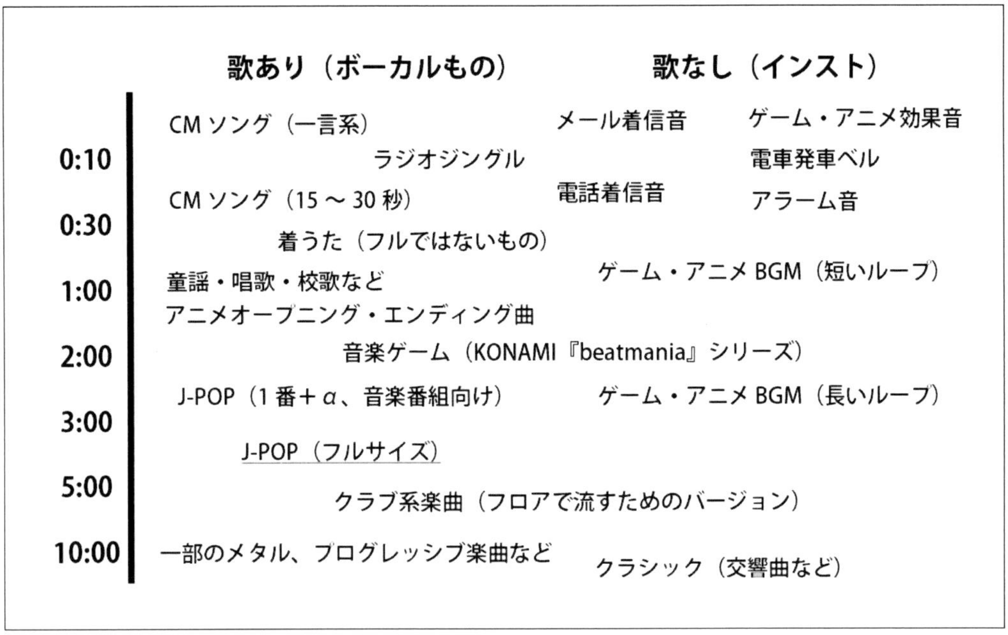

歌あり（ボーカルもの）　歌なし（インスト）

0:10
0:30
1:00
2:00
3:00
5:00
10:00

CMソング（一言系）
メール着信音
ゲーム・アニメ効果音
ラジオジングル
電車発車ベル
CMソング（15～30秒）
電話着信音
アラーム音
着うた（フルではないもの）
童謡・唱歌・校歌など
ゲーム・アニメBGM（短いループ）
アニメオープニング・エンディング曲
音楽ゲーム（KONAMI『beatmania』シリーズ）
J-POP（1番＋α、音楽番組向け）
ゲーム・アニメBGM（長いループ）
J-POP（フルサイズ）
クラブ系楽曲（フロアで流すためのバージョン）
一部のメタル、プログレッシブ楽曲など
クラシック（交響曲など）

■最初は「スマートフォンの着信音」を目標に作ってみよう！

これから作曲を始める方は、スマートフォンや携帯電話の電話着信音やアラーム音を作ることを最初の目標にしてみてはいかがでしょうか。

なぜなら、**15～30秒でひとつの曲として成立する**からです。4分の曲における15秒は残念ながら「作りかけ」ですが、最初から15秒サイズであることがみんなに認識されているスマホ着信音はそれで「完成」になります。歌詞を用意しなくても成立しますし、単なるリスニング目的を超えて実用として役に立つ、という一面もあります。

ボカロにおける着信音にまつわる出来事としては、2013年にスマートフォン「Xperia feat. HATSUNE MIKU」に収録するサウンドロゴの募集がピアプロで行われたことがありました。(https://piapro.jp/static/?view=dx39)。長さが「3～10秒」というルールがあり、メール着信音や、短いアラームなどを想定した募集が行われました。結果、規約違反ではない応募作は全て採用され、全国に39,000台出荷されたこのスマートフォンの中で、日常を彩るアクセントになっています。

このように、数秒～数十秒の短い曲でも、単純に3～4分の曲を動画サイトに発表するよりも多くの場に登場する機会を得られることもあるのです。

■曲の構成　基本パターン編

◆サビのみ、もしくはサビと間奏

読んで字のごとく、サビとなるメロディのみで曲が展開していく、最もシンプルな曲の構成がこちらです。先ほど説明したスマートフォン着信音の場合や、童謡のように子供が覚えやすい歌などを作る場合は、このパターンとなります。

「イントロ→サビ→間奏→サビ→間奏→サビ→アウトロ」のような3番まである歌のパターンは、童謡や唱歌にはおなじみですよね。

ダンスミュージックで、1つのフレーズを繰り返して引っ張っていく曲もこの仲間といえるでしょう。ボカロ曲では、海外では「Nyan Cat」の動画でも知られる「Nyanyanyanyanyanyanya!」（作曲：daniwellP）などが有名です。

◆Aメロ→サビ

平歌（ひらうた）部分とサビという、2種類のパートがあるパターンです。「平歌」は、サビへとつなぐためのいわば導入部となる存在で、サビに比べるとメロディの起伏が少ないのが特徴です。

平歌部分で状況説明があり、サビで心境が述べられたり、「アルプス一万尺」や「クラリネットをこわしちゃった」のような、「状況説明→大騒ぎ」みたいな曲のこともあります。聴いていて案外と中毒になる曲に、このパターンが潜んでいたりもします。

昭和時代の歌謡曲には、1番の構成が「Aメロ→Aメロ→サビ→Aメロ」でヒットした曲が多数存在していました。「起承転結」の「転」の部分をメロディの起伏が大きいサビが担うことで、ドラマチックな効果をもたらしています。

◆Aメロ→Bメロ→サビ

現代のJ-POP、アニメソングにおいて王道となる構成です。スマートフォン着信音などの短い曲を作れるようになったら挑戦してみましょう。

この構成が安定しているのは、「Aメロで状況説明を述べ、Bメロで少し弱気になったのち、サビで前向きに走り出す」のような非常にメリハリのある展開の曲が作れるからです。

詳細は4-2「自分だけの曲を作るためのコンセプトの決め方」で詳しく説明しますが、「そもそも今回はどういうコンセプトで曲を作るのか」が最初に決まっていると、Aメロでは何を述べ、この主張したいメッセージをサビに持ってこよう……など、曲の構成もスムーズに決まっていきます。

■曲の構成　応用パターン編

◆Cメロを加える

2番が終わったあとの長い間奏の、前あるいは後ろに入れることが多くあります。音を少なめにしたピアノ・ソロなどを入れて、ここまで一直線に走ってきた曲に「おっ？」と思わせるような変化をつけることがあり、歌詞もこれまでのまとめのようなものであったり、サビでの主張をさらに一歩先へ進めたものなどが展開されたりします。ボカロ曲だと「メルト」で「お願い時間を止めて～」と歌っているところが印象的なCメロとして有名でしょうか。

◆大サビを加える

起承転結でいうところの「結」にあたる部分であり、3番のサビの後などに加えることがあります。サビと同じ、または似たようなコード進行を使い、サビ以上の盛り上がりを演出できるようなメロディを載せます（コード進行の詳細は次の3-3「コード進行の法則」を参照）。曲の中の最高音がここに来る場合もあります。

最近の曲の例だと、「ようこそジャパリパークへ」（作詞・作曲：大石昌良）でラララと歌っている最後のアレが大サビです。他にもアイドルソングやバラードの最後などではよく見られるパターンで、うまく決まると強く感情を動かす曲が完成します。

■各パートの長さを決める

こうして各パートをどう展開するかが決まりますが、次に各パートの長さを決めましょう。

次の表は、どれくらいのBPMの曲の場合、4分音符や1小節などの長さが何秒になるかという対応を表しています。例えば、120BPMで8小節の場合、16秒の長さとなります。

●音符・小節の長さとテンポから、秒数を求める対応表（4/4拍子の場合）

BPM／小節	16分音符	8分音符	4分音符	2分音符	1小節	4小節	8小節	16小節
80	0.188	0.375	0.750	1.500	3.000	12.000	24.000	48.000
90	0.167	0.333	0.667	1.333	2.667	10.667	21.333	42.667
100	0.150	0.300	0.600	1.200	2.400	9.600	19.200	38.400
110	0.136	0.273	0.545	1.091	2.182	8.727	17.455	34.909
120	0.125	0.250	0.500	1.000	2.000	8.000	16.000	32.000
130	0.115	0.231	0.462	0.923	1.846	7.385	14.769	29.538
140	0.107	0.214	0.429	0.857	1.714	6.857	13.714	27.429
150	0.100	0.200	0.400	0.800	1.600	6.400	12.800	25.600
160	0.094	0.188	0.375	0.750	1.500	6.000	12.000	24.000
170	0.088	0.176	0.353	0.706	1.412	5.647	11.294	22.588
180	0.083	0.167	0.333	0.667	1.333	5.333	10.667	21.333
190	0.079	0.158	0.316	0.632	1.263	5.053	10.105	20.211
200	0.075	0.150	0.300	0.600	1.200	4.800	9.600	19.200
210	0.071	0.143	0.286	0.571	1.143	4.571	9.143	18.286
220	0.068	0.136	0.273	0.545	1.091	4.364	8.727	17.455

多くの曲が、収まりの良い4小節や8小節、16小節などを区切りとして、ひとつの単位として展開していますので、これを頭に入れて考えていくといいと思います。積み重ねて、うまく目的の長さになるようにしていきましょう。

例えば以下のパターンは、J-POP、アニメソング、ボカロ曲、洋楽など、さまざまなジャンルで見ることができます。

・**イントロ**（8小節）
・**1番**：Aメロ（16小節）→Bメロ（8小節）→サビ（16小節）
・**2番**：Aメロ（8小節）→Bメロ（8小節）→サビ（16小節）
・**間奏**（16小節）
・**3番**：Bメロ（8小節）→サビ2回（32小節）
・**アウトロ**（8小節）

この場合は合計144小節となり、160BPMの場合は3分36秒の曲となります。

Bメロは他よりもやや短く、というのが定番のようです。

慣れてきたら「Bメロとサビの間に1〜2小節のタメを作る」（アニメソングに多い）などの変則的なパターンも取り入れて、展開の引き出しを少しずつ増やしていきましょう。

なお、一昔前は商業音楽でもボカロ曲でも4〜5分前後の長さが一般的でしたが、現在は3分台が主流になっています。例えばK-POPグループ「TWICE」の楽曲は、その大部分が3分台前半に徹底して収められています。

これは動画共有サイトの普及によって非常に多数の作品が発表される中で、少しでもつかみを良くするために、以前よりもイントロは短く、次々に曲が展開していく必要があり、そのために曲の長さが短くなりつつあるものと思われます。

3-3　コード進行の法則

■実は意外と簡単でシンプルな「コード進行」

さて、Aメロ・Bメロ・サビなどの、8小節なり16小節なりの長さからなる各パートを考えたら、いよいよそこにVOCALOIDが歌うためのメロディを作っていくことになります。しかし、ただやみくもにメロディを作っていっても、通しで聴いてみると何か違和感が生じてしまうケースが多くあります。

そこで自然なメロディを書くために知っておいたほうがよい知識として「コード進行」があります。コード進行というのは、例えるなら鉄道におけるレールのような存在で、このレールをしっかりと敷いておけば、その上をスムーズにメロディという名の電車が走っていけるのです。

ただ、曲作りの中で特に難しいというイメージを持たれているもののひとつが、この「コード進行」であることに間違いはないでしょう。

確かに非常に奥が深いものですが、実はいくつかの法則を覚えてしまえば、最低限のコード進行というものは比較的簡単に自分で作ることができてしまいます。

音楽理論の本などを見ると、「トニック」や「サブドミナント」のような用語が出てきますが、ここではそのような用語を使わずに、とりあえずこれを押さえておけばコード進行らしきものはできる、というものを説明します。

3-1「作曲の基本」では音階は12個あると申し上げましたが、実際には1曲の中でこのうちの特定の7個を中心に使うのが一般的で、この7個の組み合わせを「調」（キー）と言います。そして「調」の一番シンプルなものは、「ド」から始まり（この「ド」を「基音（ルート音)」と呼びます）ピアノの白い鍵盤だけを使った「ハ長調」＝「ドレミファソラシド」となります。ここでは黒い鍵盤のことは一旦忘れましょう。

そして「コード（和音)」とは、「調」の中のある音を決めて、そこから鍵盤を1個飛ばしに2つ、合計3つの音を重ねたものを意味します（コードでは4つ以上の音を重ねることもありますが、いまは置いておきます)。

例えば「ド」から始めた場合、「ドミソ」がコードとなります。基音であるドから始めたコードなので、これを「Ⅰのコード」と呼びます（以下、「～のコード」は省略して呼びます)。同じようにして、基音「ド」から数えて2番目の「レ」から始めたコード「レファラ」を「II」、3

番目の「ミ」から始めたコード「ミソラ」を「III」のように呼びます。

すると最終的に、「ド」から始まるものから、「シ」から始まるものまで、合計7つの基本となるコード「Ⅰ～Ⅶ」があることになります。この7種類のコードを一定の法則に沿って順番に鳴らしていくことで、自然に曲を進行させることができるのです。なお曲中で、複数のコードが同時に鳴ることはありません。

●ハ長調の場合に曲中で使う７つのコード

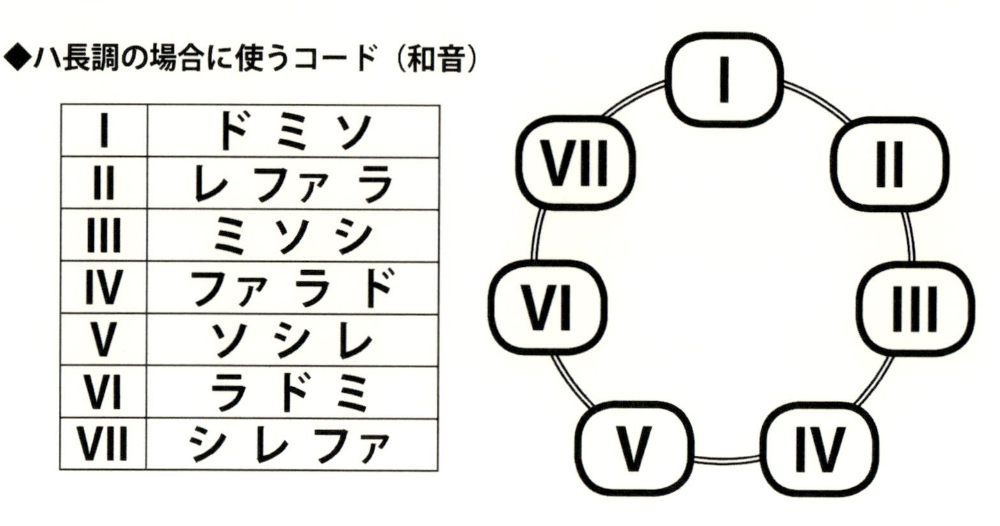

I	ドミソ
II	レファラ
III	ミソシ
IV	ファラド
V	ソシレ
VI	ラドミ
VII	シレファ

そして次の4つの法則を見てください。

実はこれだけ押さえておけば最低限のコード進行は可能です。

① 「I」からはどこに行ってもよい

② 「I」以外からは、次の3パターンのうちのどれかを選べる

（a）3つ進む　（b）1つ進む　（c）2つ戻る

③ 「VII」は使いどころが難しいので、できるだけ使わない

④ 曲の最後、区切りとなる部分は「V→I」で終わる

例えば、今奏でたコードが「V」（ソシレ）であれば、次に奏でるべきコードは、そこから3つ進んだ「I」（ドミソ）か、1つ進んだ「VI」（ラドミ）か、2つ戻った「III」（ミソシ）のどれかになります。

特に「3つ進む」パターンは次に向かってぐいぐい引っ張っていく力があり、サビなどで使うと気持ち良い響きになることが多くあります。逆にAメロやBメロでは「1つ進む」や「2つ戻る」がよい効果を発揮することもあります。

各パート（とりわけサビ）の最後が「V→I」で終わると、ちゃんと曲が落ち着いて終わったという印象を与えることができます。

この法則を使ったコード進行の具体例をいくつか紹介していきましょう。

例1） I→IV→V→I
例2） IV→V→III→VI→II→V→I
例3） I→VI→IV→II→III→I→V→I

この法則を使って、手持ちのDAWにピアノで4〜8小節くらいのコード進行をたくさん書く練習をしてみるといいと思います。なお、和音は構成音さえ合っていればその和音として成立しますので、例えば「ドミソ」の「ド」だけを1オクターブ高い「ド」にしてみたり、「ミ」だけを1オクターブ低くしてみるなど、いろいろと試してみるとまた違った響きが得られて面白くなります。

慣れたら次のような応用パターンも試してみましょう。

⑤ 構成音に、さらに2つ上の音を加えた「7thコード」を代わりに使える。Iであれば「ドミソシ」となる。「II→V（7th）→I」のような使い方が一般的。「I→I（7th）→IV→V」のような橋渡し役も可能
⑥ 曲の途中の区切りとなる部分（8小節など）で、「V」で終わると締まる
⑦ ④「区切りのV→I」の代わりに「IV→I」という進行もできる。「V→I」と少し違う雰囲気が出る
⑧ Iであれば「ドファソ」という構成音による「sus4コード」を途中に挟んで、「V→I（sus4）→I」のように終わることもできる

これらのパターンはあくまで基本であり、この法則に縛られない面白い進行などを自分で見つけてみるのも面白いのではないかと思います。

■有名なコード進行

コード進行は、ある程度「このような進行をすると間違いない」というものが昔からいくつか存在し、それらはJ-POPやボカロのヒット曲などにも多数使われています。ここでは、特に有名な3つを紹介します。

これらのコード進行を、DAWにピアノなどの音源で、2分音符の間隔で何回かループさせたものを打ち込んでみて再生してみましょう。どこかで聴いたような響きが得られます。

◆小室進行

【VI→IV→V→I】

小室哲哉氏が多用したことから「小室進行」と言われるようになったコードです。氏のヒット曲ではもちろんのこと、ボカロ曲でも、この進行を使ってヒットしている楽曲は数え切れないほど存在します（例：「千本桜」や「鎖の少女」のサビなど）。筆者も大好きな進行で、自身の曲で多用しています。どこか日本人の琴線に触れるような響きを感じます。

◆王道進行

【IV→V→III→VI】【IV（7th）→V（7th）→III（7th）→VI】

J-POPのヒット曲に長年にわたって多用されているコード進行のひとつで、「IV→V」の持つ力強さに「III」の切なさが加わることで心を動かすとされているようです。

◆カノン進行（大逆循環）

【I→V→VI→III→IV→I→IV→V】

途中に「VI→III」という進行がありますがこれも成立します。

ヨハン・パッヘルベル作曲のクラシック「カノン」で有名なコード進行で、「翼をください」やZARD「負けないで」、最近ではAKB48「恋するフォーチュンクッキー」などで使用されています。純粋さや壮大さなどを出しやすいコード進行で、バラードなどの泣ける名曲を作りやすいとされています。非常に特徴があるため、わかっている人が聴くと一発でカノン進行だとバレてしまうのが欠点ではあります。

■長調（メジャー）と短調（マイナー）の違いとは

ここまでは、「ピアノの白鍵しか使わない、『ド』を基音とした一番シンプルなキーであるハ長調」における、基本的なコード進行を解説してきました。

ここでは一歩進んだ内容として、「調」（キー）や「音階」に関する説明をしつつ、ハ長調以外でのコード進行、曲作りを説明したいと思います。

「ハ長調」や「イ短調」など、音楽の教科書でクラシックなどが取り上げられる際に、これらの単語を聞いたことのある方もいらっしゃるかもしれません。「ハ長調」の「ハ」というのは、「ド」のことです。「ドレミファソラシド」を、日本式では「ハニホヘトイロハ」と表記するためです。

「ハ長調」は「Cメジャー」とも言います。ドイツ式の表記では「ドレミファソラシド」が「CDEFGABC」だからです。こちらのほうがポップス、ロックなどではよく使われる言葉だと思います。

●音名の言い替え

音名	ド	レ	ミ	ファ	ソ	ラ	シ
日本式	ハ	ニ	ホ	ヘ	ト	イ	ロ
ドイツ式	C	D	E	F	G	A	B

「調」（キー）には2種類あります。ひとつが「長調（メジャー）」。もうひとつが、「短調（マイナー）」です。

一般的に長調には、「素直、明るい」というイメージがあります。反対に短調は「暗い、哀愁、切ない」というイメージです。曲の勢いはあまり関係ありません。例えば、ユーロビートやトランスは、短調で作られることが一般的です。

ニコニコ動画で「短調にしてみた」でタグ検索してみてください。長調の既存曲を短調に変えて演奏した動画などが多く出てきて、長調と短調の違いをわかりやすく体感できます。どう聴いても軍歌のような「ドラえもんのうた」（sm1774028）や、長調と短調を入れ替えたら異様にヤンデレっぽくなる「トルコ行進曲」（sm1714606）などがおすすめです。

その違いは、長調が「ドレミファソラシド」（ハ長調、Cメジャーの場合）の音階に沿ったものであるのに対し、短調は「ラシドレミファソラ」（イ短調、Aマイナーの場合）という音階に沿ったものであることです。（検索すると「短調には3種類ある」などと出てきますが、ややこしいのでここでは「自然的短音階」のみに絞って話を進めます）

一見すると「基音とする場所が違うだけ？」と思いますが、本質としてはそうではありません。ここで、音の高さは白い鍵盤と黒い鍵盤を合わせて12個あったことを思い出してみましょう。

ド　ド#　レ　レ#　ミ　ファ　ファ#　ソ　ソ#　ラ　ラ#　シ

「ド」から「ド#」、「ミ」から「ファ」など、1段階音が上がることを「半音上がる」、「ド」から「レ」のように2段階音が上がることを「全音上がる」と呼ぶことは先に書いた通りです。

そして、ハ長調（Cメジャー）の「ドレミファソラシド」と、イ短調（Aマイナー）の「ラシドレミファソラ」という音階にはそれぞれ、全音上がるところと半音上がるところが混在しているのですが、半音上がる場所が異なるために、違う響きが生まれてくるのです。

・長調＝「全全半全全全半」
　「3〜4音目（ハ長調のミからファ）」と「7〜8音目（ハ長調のシから高いド）」が半音、他は全音上がる
・短調＝「全半全全半全全」
　「2〜3音目（イ短調のシからド）」と「5〜6音目（イ短調のミからファ）」が半音、他は全音上がる

どの音を基音にする場合でも、長調・短調ともに、この法則が適用されます。例えば、ハ長調と同じように「ド」から始め、これを短調にするには、「ド　レ　レ#　ファ　ソ　ソ#　ラ#　ド」という音階になります（ハ短調・Cマイナー）。

ハ長調と比べると、3ヶ所（ミ、ラ、シ）がそれぞれ半音ずつ低くなっていますね。先ほどの「短調にしてみた」動画は、そのように原曲の3ヶ所の音を半音下げて演奏する（それと、後述しますが、Vの2つめの音を半音上げる）ことで作れるのです。

■短調で実際にコード進行をつくる

先に説明したハ長調での曲作りを続けていくと、どこかで「明るすぎる、素直すぎる」という不満が出てくると思います。そう感じた場合は、短調での曲作りを試してみましょう。一番簡単なのは、やはりほとんどが白鍵になる「ラシドレミファソラ」の音階で作れるイ短調（Aマイナー）です。

コードの作り方は、長調の場合と基本的には同じで、音階を1個おきに3つ重ねます。この場合、Iが「ラドミ」、IIが「シレファ」、IIIが「ドミソ」……となります。

ただし少しだけ例外もあって、短調ではVに限っては「ミソシ」ではなく、2つめの音が半音だけ上がって「ミソ#シ」になります。なぜと言われると説明が少し難しいのですが、ここでは「V→Iで終わるときに、ソからラに飛ぶより、ソ#からラに飛ぶほうが気持ちいいから」と覚えてください。試しに「ミソシ」→「ラドミ」と「ミソ#シ」→「ラドミ」の両方を弾いたり打ち込んでみて違いを確認してみましょう。

コード進行の法則についても、先のページに書いたものと変わりません。

■調の違いとトランスポーズ

MIDIキーボードや、パソコン上で鍵盤を再現するソフトなどには、たいてい「トランスポーズ」（移調、調を移すこと）機能があります。これは鍵盤を弾く位置と、実際に鍵盤を弾いたときの音とをずらせる機能です。例えば「+1」であれば、「ド」の位置の鍵盤を押すことで「ド#」の音が出るようになります。この機能をうまく使えば、何の音を基音にしても、ほとんど白鍵だけで曲作りを完結させることができます。

以下に、よく使われる調と、トランスポーズの設定の対応の表を掲載しておきます。

調名	1	2	3	4	5	6	7	白鍵へのトランスポーズ
ヘ長調（Fメジャー）	ファ F	ソ G	ラ A	ラ# A#	ド C	レ D	ミ E	トランスポーズ「+5」で鍵盤「ド」を基音にする
ト長調（Gメジャー）	ソ G	ラ A	シ B	ド C	レ D	ミ E	ファ# F#	トランスポーズ「+7」で鍵盤「ド」を基音にする
ニ短調（Dマイナー）	レ D	ミ E	ファ F	ソ G	ラ A	ラ# A#	ド C	トランスポーズ「+5」で鍵盤「ラ」を基音にする
ホ短調（Eマイナー）	ミ E	ファ# F#	ソ G	ラ A	シ B	ド C	レ D	トランスポーズ「+7」で鍵盤「ラ」を基音にする

また、多くのDAWにも「トランスポーズ」という機能があります。こちらは半音いくつ分という数字を指定することで、配置した複数のノート（ピアノロール上の音符）の音程を一括して上げたり下げたりできるものです。

まずハ長調で曲を一通り作ったあとにDAWのトランスポーズ機能でドラム以外の全パートを「+5」や「+7」に設定して、ヘ長調やト長調の曲のできあがりというお手軽（横着？）なやり方もあります。音の高すぎるパートがあれば、個別にトランスポーズで「-12」を設定して1オクターブ下げてください。

また、DAWのトランスポーズ機能を使うと簡単にできる演出として、「ラストのサビで、すべての音が半音上がる（移調する）」という日本人が大好物の展開があります。この演出は、曲を作った後に半音上げたい地点のドラム以外の全パートを選択し、トランスポーズで「+1」を指定するだけで完成します。VOCALOIDエディタでも、ドラッグアンドドロップで複数のノートを指定して一括でメロディを上げ下げでます。

コード進行についてさらに知識を深めたい方は、6-8「DTM活動に役立つサイトの紹介」で音楽理論を学べるサイトを多数紹介しておりますので、そちらをご覧のうえ、勉強して頂ければと思います。

3-4　作ったコード進行にメロディを載せる

■コードの構成音に、いろんな装飾をしてメロディを作る

コードができたら、次はそれに載るメロディを考えます。コードの構成音をそのままピアノで伴奏したものと、メロディをVOCALOIDに歌わせたものを合わせれば、いちおう最低限「曲」と呼べるものができあがるので、先に紹介したコード進行の法則と一緒に覚えておきましょう。

作ったコード進行にメロディを載せる際も、音楽理論に基づいた法則があります。

その基本法則は下記の5つです。これを押さえておけば、不自然な響きになることはまずないと思います。

※「例」はハ長調のⅠ（ドミソ）にメロディをつける場合を提示している。以下も同様。

① 基本は、和音を構成している音（内音という）を使う
　例：ド→ミ→ミ→ソ→ソ
② 同じ音程の内音で挟んだ中の音として、1つ上か、1つまたは半音下の音を使う（刺繍音（ししゅうおん）、トリル）
　例：ソ→ラ→ソ→ラ→ソ（ラが刺繍音）
③ 違う高さの2つの内音の間をつなぐ音を使う（経過音）
　例：ソ→ファ→ミ（ファが経過音）、ソ→ラ→シ→ド（ラ、シが経過音）
④ ある内音の前に、長めに1つ上か、1つor半音下の音をアクセント的に入れる（倚音（いおん））
　例：ド→ラ→ソ（ラが倚音）、ソ→低いシ→ド（低いシが倚音）
⑤ 曲の区切りで、Ⅰの一番低い音（ハ長調の場合「ド」）で終わる

次の図は、ハ長調の「Ⅵ→Ⅱ→Ⅴ→Ⅰ」というコード進行に、これら5つの基本法則を使って、実際に4小節分のメロディをつけた実例となります。

●法則を活用し、コード進行に沿ってメロディを載せた例

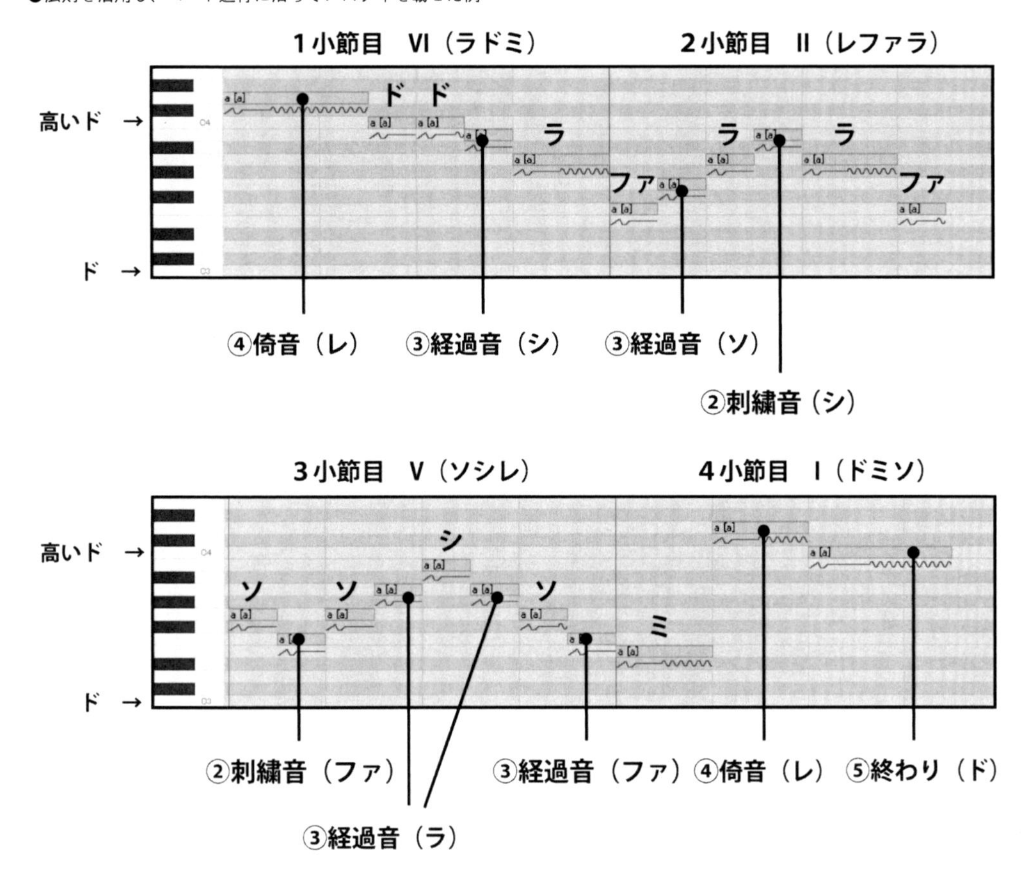

メロディをつける場合でも、やはり和音は重要な要素です。まずはコード進行で使った和音を思い出します。その和音を構成している音（内音）を、メロディに使うことができます。ハ長調におけるI（ドミソ）だったら「ド→ミ→ミ→ソ→ソ」といった感じです。和音と同じ音を使っているので、不協和音になりようがないというわけです。

しかしこれだけではあまりなめらかなフレーズはできませんので、②刺繍音、③経過音、④倚音を使ってうまくメロディを組み立てていくことになります。

特に④の倚音は、うまく使えば音程差があるメロディへの跳躍をスムーズに行うことができ、メロディにインパクトを加えられます。「ド↑ラ↓ソ」や「ソ↓低いシ↑ド」のように、落として持ち上げたりする感じでカウンター的に入れると自然になります。

他にもメロディには「先取音」や「逸音」、「繋留音（けいりゅうおん）」というものもありますが、この3つを知っていればまず困らないと思います。興味がある方はネットで検索してみてください。

メロディに関してもう1点考えるべきことは、それぞれの音の長さです。

初心者の方はいきなり最初からメロディを完成させようとはせずに、まず全部が2分音符や4分音符でできたシンプルで平坦なメロディを打ち込んで、あとから4分音符を8分音符2つに分

解するなどして、少しずつ複雑で自然なメロディに整えていくほうがうまくいくと思います。

音符を詰め込み過ぎて息継ぎがまったくなくても、不自然になる場合があります。「初音ミクの消失」のようなVOCALOIDにしかできない歌を歌わせるという演出意図がない限りは、小声でもいいので実際に歌って確認しながら、適度に息継ぎできる部分を開けるメロディを書くのが良いでしょう。

■先に思いついたメロディに、後追いでコードをつける場合

さてここまではコードを先に作る前提でお話をしてきましたが、先にメロディを思いついて、それにマッチする伴奏を考えたいときは、この順序を逆にたどっていけばいいのです。すなわち、先に作ったメロディを1小節単位なり2分音符単位なりで見たときにどの和音が含まれるかを確認して、その部分のコードを探すことで、合いそうなコード進行を逆算していくという流れになります。

例えば、1小節目「ド→レ→ミ」→2小節目「ソ→ファ→ファ」のようなメロディがあったとしましょう。

この1小節目はⅥ（ラドミ）かⅠ（ドミソ）で「レ」は経過音だろうと解釈できます。続く2小節目はⅡ（レファラ）かⅣ（ファラド）で、「ソ」を倚音であると解釈できるほか、すべてがⅤの7thコード（ソシレファ）の内音であるという解釈も成立します。

そこでコード進行の法則に立ち返って見ていくと、「Ⅵ→Ⅱ」「Ⅵ→Ⅳ」「Ⅰ→Ⅱ」「Ⅰ→Ⅳ」「Ⅰ→Ⅴ（7th）」の5パターンがコード進行として成立することがわかります。実際には3小節目以降のメロディも考慮して、いくつかのパターンに絞り込み、それらを実際にDAWで演奏してみて、もっとも自然かつ自分のイメージに近いコード進行を選ぶことになります。

ところで、曲作りをしていると「サビは良さげなメロディが先に浮かんだが、他の部分は全くメロディが浮かばないので、どう進めて良いのかわからない」という事態がよくあります。

そういうときには以下のような方法をとれば、かなりシステマチックにワンコーラスの流れを完成できます。曲の構成は、先ほど「曲の構成を考える」で説明した王道パターンである「Aメロ→Bメロ→サビ」として話を進めます。

① サビとしてあらかじめ浮かんでいるメロディに、コード進行をつける。

② Aメロのコード進行を考える。
この際、サビのコード進行の一部を流用すると雰囲気を統一できる。サビでは1小節ごとにコードが切り替わるのを、Aメロでは2小節ごとにするのもよい。

③ コード進行をループさせながら鍵盤を弾いてAメロのメロディを考える。
サビより音程は低く、派手なメロディラインの動きも抑えるのがセオリー。

④ Bメロのコード進行を考える。

サビ、Aメロのコード進行は忘れてまったく新しいものを考える。サビの直前で「II→III→IV→V」のように少しずつ上がっていくと盛り上がるかもしれない。

⑤ Bメロのメロディを考える。

Aメロの言葉が多めのときはBメロでは少なめにするなど、メリハリをつける。

■音域を意識したメロディ作りについて考える

先のページにて説明した法則に従っていけば、ひとまず曲のメロディは書けます。慣れないうちはぎこちないものができるかもしれませんが、繰り返すうちに、しだいに自然なものが書けるようになっていきます。

その際、ひとつ知っておいたほうがいい知識が、音の高さの範囲、すなわち「音域」についての話です。ボーカルの場合は「声域」とも言います。

VOCALOIDで作曲に初挑戦する方はもちろん、今までボーカルのないインストゥルメンタルを作曲してきた人が歌モノを作るとなった際にも陥りやすいのが、「声が高すぎて（低すぎて）不自然なものが完成してしまった」というケースです。

ここでは、既存のボカロ曲やJ-POPなども参考にしながら、音域を意識したメロディ作りについて考えていきたいと思います。

■その前に、音域の表記のしかた

高くもなく低くもない、普通の「ド」のピアノの音を思い浮かべてください。この「普通のド」が、VOCALOIDエディタでは「C3」にあたる音です。「高いド」がそれより数字がひとつずつ上がって「C4」、「低いド」が「C2」となります。

しかし、DAWによっては、この88鍵のピアノの中央、いわゆる「普通のド」の音を「C4」と表記しているもの（「Cakewalk by BandLab」など）もあれば、「C5」と表記しているもの（「FL Studio」など）もあります。

実はこの表記は明確には統一されていません。「国際式」と呼ばれる表記があるにはあるのですが、拘束力は強くないようです。国際式では「普通のド」を「C4」と呼ぶ決まりになっているのに対し、ヤマハはそれより数字が1小さい表記を使っています。

おそらくボカロP、もしくはこれからVOCALOIDを購入される方にとって、もっともなじみがある（これからなじむことになる）のは、VOCALOIDエディタ上の音域表記だと思いますので、以下の説明では、VOCALOIDエディタでの音域表記（普通のド＝C3）に従って書いていきます。

■J-POP楽曲の音域について

「音域.com」（http://www.music-key.com）というサイトがあります。主に1990～2000年代の

J-POP楽曲について、その最低音域および最高音域を、曲ごとやアーティストごとにまとめており、本来はカラオケでその曲を歌えるかどうかの目安として役立てるという趣旨のサイトです。

このサイトによると、例えばサビが印象的なレミオロメン「粉雪」の場合は、最低音と最高音について「mid1B～hiA」と書かれており、これはVOCALOIDエディタの「B1～A3」(低いドの下のシ～普通のラ)に相当します。また、同じ男性ボーカル(以下「男声」)で見ていくと、Mr.Childrenの曲は最低音が「C2」(低いド)前後の数音、ポルノグラフィティの曲は「F2」(低いファ)あたりを中心に分布しています。またどちらも、その最高音は裏声で歌われる部分を除くと「G3」～「B3」(普通のソ～シ)に該当している曲が多いようです。

女性ボーカル(以下「女声」)の場合はもう少し高くて、90年代に小室哲哉プロデュースで一世を風靡した華原朋美さんの「I'm proud」は最低音が「C#3」(普通のド#)、最高音が「E4」(高いミ)です。いきものがかりの曲は、「G2」「A2」(低いソ～ラ)を最低音、「C4」「D4」(高いド～レ)を最高音とする曲が多く存在するようです。

■VOCALOIDの「得意な音域」と、実際のボカロ曲の音域

VOCALOIDソフトウェアが得意とする音域はどのあたりでしょうか。

VOCALOID公式サイトでは、各ボイスバンクの製品詳細ページの下部に「スペック」を記載しており、そこにボイスバンクごとの「推奨音域」が記載されています。

▼ダウンロード製品一覧 | VOCALOID SHOP(ボーカロイドショップ)

http://www.vocaloid.com/products

これを見ると、例えば「初音ミク V4X ORIGINAL」の得意な音域は「A2～E4」となっています。「IA」のように高音が得意なもの、「がくっぽいど」のように低音に特徴があるものなども存在しますが、多少の差はあれど、女声VOCALOIDは女声J-POP、男声VOCALOIDは男声J-POPと、それぞれの音域はたいていカバーできている印象があります。

もうひとつのVOCALOIDの得意音域を探るアプローチとしては、実際にそのVOCALOIDを使用してヒットしたボカロ曲を聴いてみて、その音域を調べるというものです。このやり方では、公式の情報とは異なり、実際にリスナーが受け入れたVOCALOIDの声の音域がつかめるというわけです。

ボカロ曲も、J-POPの場合と同じく、有志の方が音域調査をされたデータなどをブログやWebサイトなどで公開しています。その中からいくつかの事例を紹介します。

例えば「メルト」(sm1715919)の音域は「A2～A4」(低いラ～高いラ)、音域がちょうど2オクターブであり、高音部を女性がカラオケで歌うには難しい部類に入ります。これに限らず、ryo氏が書く曲は最高音が高く、音域がかなり広いのが特徴で、それゆえ縦横無尽なメロディ展開を生かしたドラマチックな曲が数多く存在します。

余談ですが、halyosy氏の「メルト」歌ってみた動画（sm1754685）は、キーを+2したものを1オクターブ下で歌っていますので、その音域は「B1～B3」（低いドの下のシ～普通のシ）となり、ちょうど先に挙げたMr.Childrenの曲と同じくらいになります。

鏡音リンの高音が印象的な「東京テディベア」（sm15308214）は「D3～A#4」（普通のレ～高いラ#）、「炉心融解」（sm8089993）に至っては、「A2～C#5」（低いラ～2段高いド#）です。高くても聴いていて気持ちいいメロディライン（と、高音が耳に痛くないボーカルのミックス）をうまく考えることができれば、リスナーにも受け入れられるというケースです。

一方、「千本桜」（sm15630734）の場合は、「メルト」より少し低い「G2～E4」（低いソ～高いミ）にメロディが収まっています。前述の女声J-POPの音域とほぼ同じであり、さらに初音ミクの「得意な音域」（A2～E4）ともほぼ一致しています。「カラオケでの歌いやすさ」と「ミクの得意音域をフルに生かした曲」であったことが、楽曲が多くの人に受け入れられた要因の1つになっていたのかもしれません。

ボカロ曲の中でも屈指のキャッチーなメロディラインを持つ「メランコリック」（sm10444862）の音域は「C3～D#4」（普通のド～高いレ#）であり、音域が比較的狭くても「ココロ奪われるなんてことある」メロディが書けることを証明しています。シンプルながらもメロディ作りの奥深さを感じさせる作品です。

■実際にメロディを書いてみる

ボカロ曲のメロディを書く際、人間よりも自由に音域の幅を考えられるというのは、VOCALOIDがソフトウェアであることの大きな利点のひとつです。得意な音域があるにはあるのですが、基本的にはいくら高くても、あるいはいくら低くても息切れすることなく歌ってくれます。また前述のように、ボカロ曲の受け手・リスナー側にも、ある程度人間より高い音域のものを受け入れることができる空気もあります。

そうは言っても、一般的には男声で「E4」（高いミ）以上、女声でも「C5」（2段高いド、VOCALOIDエディタ上でピアノロールの色が変わる境目）以上に達する超高音は、「炉心融解」のように明確な使用意図が見えるものでない限りは避けたほうが無難だと思います（例外として、鏡音レンの場合は女声に近い音域を設定すると綺麗に歌ってくれることもあります）。

また、J-POPの最高音の目安は、男声では「A3」（普通のラ）、女声では「E4」（高いミ）になりますが、サビの間でこれ以上の音域にメロディがずっと張りつくような展開の曲を書いてしまうと、こちらもまず「高すぎる」と言われることになると思います。「レミオロメン『粉雪』の、サビでの『な』の高音がずっと続く曲」というものを想像すれば、それは容易にわかることでしょう。

これらを踏まえて、最初のうちは以下の3点を意識してメロディを作ってみることをおすすめします。

◆音域とメロディ①　高音の上限をあらかじめ決めておく

普通のポップスやロックなどの場合、男声で「C4」(高いド)、女声では「A4」(高いラ) 以下に制限しておくのが無難です。また一般的には、声の高さが下がるほどに落ち着いたイメージに仕上がるため、そのような曲を作ろうとする場合は、前述のJ-POP並か、それよりもう少し低いところまで最高音の目標を下げるのもいいでしょう。

いずれにせよ、メロディ作りの途中で際限なく最高音を上げていかないことが重要です。

◆音域とメロディ②　最高音と最低音の差を2オクターブ程度に収める

音程差があるメロディへの跳躍が多ければ多いほど、またその跳躍する幅が広ければ広いほど、ドラマチックな展開が生まれやすくなります。よって使う音域を広くすれば、必然的にそのような展開を多く入れることができる可能性は高くなります。しかし、あまりに広い音域で歌わせると、低音の部分が聴き取りづらくなったり、リスナーが上下動の激しいメロディラインについていけず疲れてしまったりする可能性もあります。

そのため、まずは最高音から2オクターブ下くらいを最低音に設定するのがよいかと思います。最高音が「A4」であれば、最低音を「A2」(低いラ) に設定して、その間でメロディを書くようにしましょう。Aメロ、Bメロ、サビの展開を考えていくと、最初はこの範囲内に収めるのも意外に難しいと感じることでしょう。慣れていくうちに、だんだん狭い音域でも感情を揺さぶるメロディラインが出てくると思います。

◆音域とメロディ③　最高音に近いメロディは、サビで「キメ」として使う

①で最高音を決めたら、だいたいその2つ下の音階以上のメロディについては、サビのここぞという場所で使うにとどめておくのがいいかと思います。最高音を「A4」と設定したのであれば「F4」(高いファ) 以上です。

この場合、先に紹介した「倚音」などを使ってメロディを「G4」(高いソ) に跳躍させたら、そのあとは多くても2〜3音で「E4」(高いミ) 以下に戻るメロディを考えると、効果的に高音をアクセントとして使うことができます。

◆「調」について

さらに、音域を意識したメロディを書く場合に考慮すべきもののひとつとして、「調」があります。

シンプルなハ長調 (Cメジャー) を例に取って考えます。「メロディを書く5つの法則」の5番目「曲の区切りで、Ⅰの一番低い音で終わる」のルールに従うと、サビの終わりの選択肢としては「C3」(普通のド) か「C4」(高いド) があることになります。

女声で「A2〜A4」を音域として設定した場合、「C3」はサビで使う音としてはやや低いため、必然的に「C4」で締めるようにメロディを書くこととなります。すると、サビの入りや途中に

「G4」などの高音の“キメ”が来て、最後は「レシド〜」のように「C4」で締めることになるのかな……と考えていくことになります。

逆にAメロなどでは低音域で音の上下動も少なめに展開して、最後に「C3」で締めるようなメロディを書くと、サビとの差別化ができて、曲全体がメリハリのとれたものになるのではないかと思います。

一方、男声では「C4」は限界に近いハイトーンですから、主にボーカルの高音を強調したい曲の中で、サビの締めとして使用するイメージになるでしょう。

それ以外の落ち着いた曲では「C3」で締めることになると思います。Aメロの終わり部分などは「C2」（低いド）も選択肢に入ってくるでしょう。

このように、作曲において12音をどのように組み合わせるかは自由ではありますが、「音域の制約」および「調」という要素を考えると、組み合わせの選択肢は自然にある程度絞られてくるものなのです。

■補足：人が歌うことを意識する場合は？

以上はメロディ作りにおいて制約がないボカロ曲の話をお送りしてきましたが、「歌ってみた」などで人が歌う場合を想定して作ったり、最初から人間をボーカルに起用する場合は、人が歌うことを考慮に入れなければならないため、少し難易度が高くなります。

先ほどの「粉雪」「I'm proud」といった曲は、どちらも人間にとってはカラオケでは「高い」と感じるはずです。ですからこれらのJ-POPと同様、男性では「A3」、女性では「E4」前後またはもう少し下を上限に設定しておくのが無難なのではないかと思います。

また、特別な訓練を受けていない人間の場合、無理なく歌える音域は広くても1オクターブ半くらいですから、よほど実力のある歌い手さんやプロの歌手などでない限り、曲の音域もそれくらいに抑えるのが賢明でしょう。

また、高音がうまく歌えたとしても、意外に盲点なのが低音です。「人間は、高音は鍛えることで大きく伸ばすことができるが、低音は訓練してもある一定の音以下を出せるようにはならない」という説もあります。

最初から人間をボーカルにする場合は、事前にその人と打ち合わせて、無理なく出せる音域を聞いておくのが確実です。その人が歌ってみた動画などをアップしていたら、その動画で歌われている原曲の音域をチェックして、それに近い音域を設定してみるというやり方もあります。

例えばアイドルの曲では、歌いやすさを重視して、音域が1オクターブの間に収まっているものもあります。こういった狭い音域で、なおかつ魅せるメロディを作るのは難易度の高い作業であり、ここがプロの作曲家や編曲家の腕の見せどころでもあります。

■メロディの勉強のためにカバー曲を作る

メロディを自分で作る際に勉強となるのが、他の人の曲のメロディがどうなっているのか調べることです。

ボカロ曲は、「歌ってみた」やカバー曲の二次創作のために、作者がカラオケ音源（以下「オケ」）を公開していることがありますので、お気に入りのボカロ曲があれば、一度その曲をカバーしてみましょう。

動画サイトの説明文にそのままオケへのリンクを張っていたり、「ピアプロ」（https://piapro.jp）や、「ニコニ・コモンズ」（http://commons.nicovideo.jp）に公開している場合が多くあります。原曲の制作者に感謝しつつダウンロードしましょう。

オケをダウンロードしたら、まずは3-1「作曲の基本」の中で紹介した方法で曲のテンポを調べます。そして、DAWもしくはVOCALOIDエディタに読み込ませて、調べたテンポを設定します。その後はVOCALOIDエディタに直接歌詞とメロディを打ち込んでいく、もしくは、DAWにピアノなどで仮のメロディを打ち込んでいって後からそれをVOCALOIDエディタに入力する、という工程で制作をしていきます。

その際に必要となるのが「耳コピ」です。「いまボーカルが歌っているのは『ド』の音程だから『ド』を打ち込んでいく」ということです。楽譜を参照せず、耳で聞いた感覚でコピーすることから「耳コピ」と呼ばれます。

このような作業は絶対音感を持っている特別な人だけができるというイメージがよくありますが、全くそんなことはありません。元の歌をループ再生させながら、MIDIキーボードやマウスを片手に正しい音程を探っていけば、ひとつずつ確実に進められます。

耳コピの作業を面倒に感じる場合は、市販の楽譜を買ったり、ネット上で有志が制作した楽譜をダウンロードして、そこから打ち込みをすることでも勉強になると思います。

楽譜の読み方については、ネット検索で必要な知識の大部分は見つかります。個人的なおすすめは下記のサイトです。

▼「ピアノ初心者のための　初見の天才になれる方法　――ピアノが上手になる超簡単ヒント集」（happypianist）
http://www.happypianist.net

4

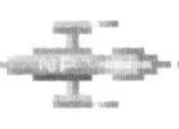

第4章　オリジナル曲を作る　作詞編

4-1　作詞の基本

■「言いたいこと」を歌詞に詰め込むパズルの解き方

第3章での作曲に続いては、作詞を取り扱います。

作詞を作曲の後に持ってきたのは、あらかじめパートごとのメロディが完成していれば、歌詞に入れる文字数がほぼ確定したことになり、後から「言いたいこと」を型に当てはめるパズルの感覚で歌詞を作れるため、初心者の方はこの方法で作るのが楽だと個人的に思っているからです。

作詞というと「具体的な技術というよりは、センスでみんな作っているんじゃないの？」というイメージを抱いている人もいるかもしれませんが、そうではありません。作詞を構成する要素をひとつひとつ分解し、それに対してひとつずつ意識的に取り組めば、実は誰でもある程度のレベルまではできるものなのです。

まずこの節では、作詞にあたっての技術面、とりわけ**「『言いたいこと』を歌詞に詰め込むというパズルの解き方」**を紹介していきます。続く4-2「自分だけの曲を作るためのコンセプトの決め方」で**「この曲では何を『言いたいこと』に決めるか」**というコンセプトの部分、4-3「物語的歌詞の書き方　——イソップ寓話を例に」で**「『言いたいこと』を物語に仕立てるのはどうすればよいか」**という部分をそれぞれ解説します。

■歌詞は短いのに、言いたいことが多すぎる

上記の文章は全部で500文字弱ありました。その文章には漢字が含まれていますので、平仮名に直したときの文字数はもっと多くなります。

本書のような本であれば、物事を1つずつ時間をかけて進めながら説明することができます。しかし音楽で伝えようとする場合、数分の曲の中でつづることのできる言葉は非常に限られています。ラップのない3〜4分間前後の一般的なJ-POPの場合、歌詞はだいたい平仮名で500文字前後となります。この節において上記の文章はイントロでしかないのに、歌詞だと既に結論まで出していなければなりません。一大事です。

このあとの4-2「自分だけの曲を作るためのコンセプトの決め方」、および4-3「物語的歌詞の書き方　——イソップ寓話を例に」を読んで、「言いたいこと」を次々に書き出していくと、たいていは歌詞の文字数の数倍にわたる「言いたいこと」が出てきます。

いかに歌の主張に関係のない余計な装飾をそぎ落として、本質に一直線に迫れる表現ができ

ているかが、人の心を動かす音楽を作るポイントのひとつなのではないかと思います。

■短い歌詞の中に、多くの意味を詰め込む手法

それでは、具体的にその手法を見ていきましょう。筆者はこのような手法が、「余計な装飾をそぎ落として、本質に一直線に迫れる表現」を作るのに必要なことと考えています。

① 言わなくても明らかであることは排除する
② 説明的な要素や、具体的すぎる要素を排除する
③ ダブルミーニング（二重の意味にとれる言葉）を入れる
④ 同じ意味で、文字数の違う類語や言い替えを探す

また、「言いたいこと」を歌詞にうまく昇華させるためには下記も重要です。

⑤ 自分の個性は残しつつも、広い人に通じる表現を取り入れる

具体例を見ていきましょう。例えばこんな感じのことを言いたいとします。

「私は今日も夜遅くまで会社で働いた。
　これからも、変わりのない人生を過ごすのだろうか」

これを「4-4-3-5」の合計16文字が入る、サビのメロディに押し込めるとしましょう。

まず必要ないのは「私は」です。歌の主人公が「私」であることは**①言わなくても明らか**だからです。主語をはっきりさせたい場面や、「これから私はこう決めた」という意思を明確にしたい場合などに「私」や「僕」などの一人称を使うことはありますが、この場面では不要であるといえます。

次にサビの場合、「会社」も②具体的すぎるので不要です。入れるならばAメロなど、別の部分になんとなくそれを匂わせる言葉を入れておきます。定番になるのは「スーツ」や「頭を下げる」などの表現でしょうか。

次に「言いたいこと」を自分でさらに深掘りしていきます。

「夜遅くまで会社で働いた」
　→相当に疲れがたまっている。そのためなかなか自分を変える行動を起こすことができない。

「変わりのない人生を過ごすのだろうか」
　→でも、本当は変わりたいと心底願っている。

ここで思いついたのが**「身体が叫ぶ」という③ダブルミーニングの表現**でした。「疲れがたまっている」ということと、「本当は変わりたいと心底願っている」という両方の意味にとれるからです。

このようなダブルミーニングは、上手いこと思いつけば感情を揺さぶる表現にできます。そのためには「言いたいこと」の意味を自分で深掘りし、はっきりさせていくことが重要であると感じています。

次に、「変わりのない」という部分は、「変わらぬ」に**④言い替えれば4文字に収まりそう**です。また、「叫ぶ」という表現に対して「夜」はなんとなく野暮ったい気がしたので、ちょっと中二病的ではありますが「闇」に**④言い換えてみましょう**。

そこで最終的に、「変わらぬ　身体が　闇に　叫んでる」という歌詞にしましょう。

これで、元の言いたいことを残しつつも歌詞っぽく圧縮し、しかも**⑤会社で働く人以外にも共感を呼べるようなサビの内容**にすることができました。

■1番と2番で、似たような表現や対比表現などを使う

1番と2番のどちらか一方がAメロ、Bメロ、サビと完成すれば、作詞の作業としては峠を超えたと言えます。なぜなら、完成したものをテンプレートにして、似たような表現や対比表現などを使うことで、歌詞としての全体のまとまりを確保すると同時に、頭に残るフレーズを作り出せることが多いからです。

筆者の自作曲の中では「スケッチブック・セイレーン」(sm23764472) はこのような手法を多く使った例です。具体的に見ていくと下記の通りです。

- **1番Aメロ：**「歌うことで目覚め出した　心を支配する声」
- **2番Aメロ：**「誰も傷つけないように　心に殺した秘密」

　※「心」が共通だが、1番は「他人の心」、2番は「自分の心」という対比がある。

- **1番Aメロ：**「スケッチブック抱え　逃げ続けたあの日のわたし」
- **2番Aメロ：**「スーツケースを抱え　足跡消そうとしたわたし」

　※「〜を抱え」と「わたし」が共通。ここでは主語をはっきりさせたいために一人称を使っている。

- **1番サビ：**「今は　この生命　燃やし尽くして」
- **2番サビ：**「持った　運命を　燃やし尽くして」

　※「燃やし尽くして」が共通。この曲はある小説をモチーフにした二次創作曲だが、この言葉は元ネタの小説でも印象的な場面にセリフとして登場するため、繰り返すことで印象づけようとした。

このような手法を繰り返し行い、「言いたいこと」を短い歌詞に変換して押し込めていく。筆者はこれが「作詞」の正体であると考えています。

完成した歌詞でも、余裕があれば後から見返して、添削できる場所はないか探してみましょう。後から冷静になると、案外直したい部分が出てきたりもします。

言葉の添削を学ぶためにおすすめなのが、TBS・MBS系列で放送しているTV番組「プレバト！！」（https://www.mbs.jp/p-battle/）の俳句コーナーです。ゲストが詠んだ俳句を俳人の夏井いつき先生が評価・添削するのですが、17音という短い俳句の世界の中で、いかに自分の「言いたいこと」を的確に表現するかという点において、作詞にもヒントとなる部分は大変多いかと思います。

■作詞のための引き出しを鍛える

「言いたいこと」を表現できるようにするためには、2点重要なことがあります。

①「語彙」、すなわち手持ちの言葉のバリエーションを増やすこと
②その言葉に素早く、なるべく多くたどり着けるようにすること

引き出しに例えると、前者は引き出しの中身を増やすこと、後者は引き出しを開けやすくしておくことといえます。

①については、意識的に勉強するのは大変です。しかし、別にいま自分が知っている言葉だけを使う必要は全くありません。今はインターネットで限りなく語彙を増やせる時代ですし、最近は作詞家や小説家など、クリエイター向けの辞典の出版も増えています。それらを積極的に活用していきましょう。

▼「Weblio辞書　――類語辞典・シソーラス・対義語」（Weblio）
https://thesaurus.weblio.jp
検索した単語と同じような意味を持つ言葉を表示してくれます。例えば「ビギナー」で検索すると「初心者・初学者・未経験者・（～の）たまご・ひよこ・（まだ）半人前・駆け出し（記

者)」などが出てきました。「短い歌詞の中に、多くの意味を詰めこむ手法」で紹介した④「同じ意味で文字数の違う言い換えを探す」ために大変重宝します。

またWeblioには「英和・和英辞典」もあり、英語の歌詞を書くときに個人的によく使います。特に英語例文の検索（https://ejje.weblio.jp/sentence/）が非常に強力で、教科書通りではないくだけた英語の言い回しを探すことができます。

▼「連想類語辞典：日本語シソーラス」

https://renso-ruigo.com

こちらのサービスは検索した単語の類語や連想される言葉など、とにかく幅広く言葉を提示してくれるのが特徴です。「ビギナー」で検索すると、「初心者」「新顔」といった類語の他に、「実地訓練」や「幼稚園」、「将来の大物」みたいな、「直接的な言い換えじゃないけど関連していそう」な言葉が出てきます。これは非常に作詞のうえでインスピレーションを刺激されます。作詞に煮詰まったらぜひ利用したいサービスといえます。

▼「dict4Lyrics」（dict4Lyric）

http://dict4lyrics.from.tv/

「『ナー』で終わる4文字の語」のような指定で単語を検索できます。この場合は「ビギナー」「ランナー」「マイナー」など、20以上の単語が検索されました。単語の母音での検索もできます。

主に韻を踏む言葉を探すのに有用で、ラップだけでなく「1番と2番で、似たような表現や対比表現などを使う」際にも有効です。

続いて、商業書籍を2冊紹介いたします。

▼『感情類語辞典』（アンジェラ・アッカーマン＋ベッカ・パグリッシ著、滝本杏奈訳、フィルムアート社刊、2015年）

「愛情」や「決意」など、ひとつの感情につき2ページを割いて、そこから連想される言葉を、外的反応や精神的な反応など、いくつかのカテゴリに分けて列挙している本です。登場人物の心理を表現する際の語彙がたくさん見つかります。同じ著者による「○○類語辞典」シリーズがいくつか刊行されています。

▼『幻想世界11ヵ国語ネーミング辞典』（ネーミング研究会著、笠倉出版社刊、2011年）

物の名前や人間の動作などを、英語やドイツ語、中国語などの11ヵ国語でどう表記・発音するのかを一覧表としてまとめている本です。特にファンタジー作品のタイトルや人物名などを決める際に役立ちます。

②については、作詞が煮詰まったときに違う視点から「語彙をひねり出していく」テクニッ

クをいくつか知っておくと、いざというときに役立ちます。

その一番単純なのが「しりとり法」です。言葉の連想に煮詰まったら、そこにある適当な言葉からしりとりを続けるという方法です。出てくるのはそれまでとは全く関係のない言葉ではありますが、連想というそれまでの縛りから開放される分、逆に思わぬ形で歌詞に取り入れられる言葉が出てくることがあります。

『アイデアを脳に思いつかせる技術』（足立元一著、藤本貴之監修、講談社刊、2013年）という本では、この「しりとり法」を始めとする、強制的にアイデアを出すための技術を数多く解説しており、個人的におすすめしています。

4-2　自分だけの曲を作るためのコンセプトの決め方

■家の設計書ができれば、材料や道具は自然に絞られてくる

作詞の基本について理解したので、それでは早速歌詞を書いていこう……というところでありがちなのが**「Aメロから順番に取りかかっていくうちに、途中で書きたいことがなくなったり、迷走してしまった」**ということです。やはり歌詞の柱となるものがないと、作詞の途中でいろいろと苦しむことになるでしょう。

また、歌詞だけではなく作曲や編曲においても、そもそもどのようなジャンルにして、楽器は何を選べばいいのかわからないということも多くあるのではないかと思います。

ここでは、歌詞や曲の前提となるべき、**「自分だけの曲を作るためのコンセプト」**の決め方を説明することで、皆さんのスムーズな歌詞作りや曲作りに活かすことができればと考えています。

以下には「アイデア」「テーマ」「コンセプト」といろいろな言葉が登場していますが、ものの本やネットなどを見ても、人によって用語の定義が微妙に違っているため、若干わかりにくいところがあります。

ひとまずここでは、以下のように定義をします。

- **アイデア：**「○○があったらいいなあ」という思いつきや、新しい工夫、発想のこと。
- **テーマ：**「アイデア」を編集するための視点や方向性。
- **コンセプト：**複数の「アイデア」を「テーマ」に基づいて組み合わせたり、編集したりして、何か意味を持つ概念にしたもの。

コンセプトは、ある程度の家の設計書だと思ってください。それを作ることで、その家を建てるための材料や道具（言葉や曲の構成など）は自然にいくらかは絞られてきます。そうしたらあとは設計書に沿って、場所ごとに一番よい道具はなんだろうと考えて、パズルのピースを埋め込むように組み上げていくというイメージです。逆に、設計書がしっかりしていないと工事も行き当たりばったりなものになってしまうことは明らかでしょう。

J-POPやロック、バラードなど、ストーリーのある言葉を綴って、意味をかみしめながらリスナーに聴いてほしい場合は、特に繊細にコンセプトの部分に気を遣う必要があるのではないかと思います。

■事例研究「ロマンシング・アバター」

それでは、どうやってコンセプトを作り上げていけばよいのでしょうか。

ここでは例として、筆者が実際に曲のコンセプトを作り上げたときの考え方を、ひとつずつ詳細に紹介します。そして、それを一般的な考えに展開して、こうすればいいのではないかという手法を提示することにしました。

題材は、筆者が2013年に制作したGUMIと鏡音リンのデュエット曲「ロマンシング・アバター」(sm20394574) です。

この曲は友人から「今度、GUMIと鏡音リンによるデュエットをテーマとしたコンピレーションCDを作るので参加しませんか?」と誘われたのがきっかけで作ることになりました。

この時点で、「GUMIと鏡音リンをデュエットで歌わせること」というのがすでに縛り(要件、外部要因)としてあったことになります。

自分の過去について思い返すと、以前GUMIとリンによるデュエットを2曲作っていました。「ユメノカケラ」(sm10097388) と、「ユメノハジメ」(sm15523673) です。両方とも知人の作詞による続きものの2曲で、GUMIとリンは同級生の友人関係という設定でした。

そこで、「じゃあ前と違うことをやろう」ということを決めた(内部要因)ので、まずこの時点で「自分で歌詞を作る」「同級生の友人関係ではない2人の歌」にすることを決めました。

次に、GUMIとリンで歌わせるのが向いている2人の関係というのは一体どんなものなのか、というところについてアイデアを出していくことにしました。

その当時、たまたま私は昭和の歌謡曲、特に村下孝蔵さんにハマっていました。情景が浮かぶ美しい日本語の歌詞に感銘を受けて、CDをレンタルしてその世界観にのめり込んでいました。

そこで、1曲はこういう曲をいつか書いてみたいと思っていたのですが、それをこのGUMIとリンの曲でやってみようと決めました。「ユメノカケラ」「ユメノハジメ」が、曲調から言うとどちらも4つ打ちの非常にアップテンポな曲だったため、ここでも「そのイメージを裏切ってみよう」と思ったわけです。

こうして、「同級生の友人関係ではないGUMIとリンの歌」に、「歌謡曲」という新たな縛りが発生しました。

そうすると、「じゃあ2人が敵対関係で対立するような曲は、歌謡曲よりもアニメソングみたいな勢いのある打ち込み系のほうが良さそうだから、ちょっと違うよね」とか、「姉妹みたいな血縁関係だったらミクとリンの組み合わせのほうがうまく描けると思うので、これも違うかな」といったように、少しずつ選択肢が絞り込まれていきました。

そうこう考えていくうちに、歌謡曲の魅力は、日本人の心に響くウェットな感じや、揺れ動く細かな心理描写であると思うと、やはり恋愛系がふさわしいのではないかということにたどりつきました。

私は「できれば、1曲を作る中でひとつは新しいことをやる」ということにこだわっているので、「それなら恋愛系の歌詞はこれまで自分であんまり書いてなかったら、挑戦してみるか」と思い、ここでも自分のイメージを裏切ることを決めたというわけです。

この時点で**「GUMIとリンで、ウェットな恋愛系」**という、徐々にコンセプトといえるものが確立してきましたが、この段階ではまだアイデアに毛が生えた程度のものです。

この2人で恋愛系といっても、いろいろな選択肢があります。

例えば「1人の男性をめぐってドロドロな三角関係を展開するのか？」とか、「この2人が直接恋愛関係になるのか？」とか。もちろんこの2人が恋愛関係になる場合は俗に言う「百合」ですので、通常の男女の恋愛関係よりも前提になる部分、なぜこの2人が恋に落ちる必然性があるのかを、説得力をもってリスナーに提示する必要が出てきます。

そこで、「GUMIとリンの組み合わせでは成立するが、他の女性ボカロの組み合わせでは成立しないものは何か」をさらに深掘りして考えることにしてみました。

GUMIの声質から感じるキャラクター性の特徴として、個人的には「人間らしさ」があると考えています。悩みや葛藤といった、リアルというか、泥臭い部分というか、そういうものを表現するのに向いています。

また、鏡音リンという概念について考えた場合、どうしても表裏一体となる鏡音レンの存在を考えずにはいられません。鏡合わせ、双子、恋人、入れ替わり、というのはリン・レンの関係性として定番というところです。

そういったものを考えるうちに、**「ネット恋愛をテーマにしよう！」**という結論にたどり着き、このようなストーリーの骨格を考えました。

・GUMIは日常で何らかの悩みを抱えており、ネットゲームで現実を忘れようとしている。
・リンはレンと付き合っており、ナンパ避けのために男性のアバターを使ってネットゲームをしている。
・この2人がゲーム上で出会い、リンの優しさにGUMIが少し依存するかのように惹かれていき、GUMIはもっとリンのことを知りたいと思う。
・GUMIの正体がまだ男性か女性かわからず、相手を信じ切れないリンは、レンの写真を送ってしまう。
・明らかにGUMIの言動が恋人に語りかけるそれになっていくため、リンは戸惑う。

個人的にはこれをひねり出すことができた時点が、要件とアイデア、テーマから「ロマンシング・アバター」という曲のコンセプトが明確に誕生した瞬間だと思っています。

というのは、このストーリーに基づいて歌詞や曲をうまく作ることができれば、以下のように多くの問題点が解決できたり、「自分のやりたいことがやれる」以外の部分で良い効果、メリットをもたらすことができるのではないかと考えたからです。

・少なくとも最初の要件（GUMIとリンによるデュエットソングを作る）は満たしていること
・友人サークルの過去の作品を考えると、あまり曲の路線に“かぶり”がなさそうなこと
・そもそもGUMI＆リンのデュエット曲には、歌謡曲があまりなかったという独自性
・歌謡曲というレトロな音楽ジャンルで、ネット恋愛という現代的なテーマを扱うギャップの面白さ
・アンメルツPが歌謡曲を書くという音楽ジャンルの意外性
・今まで恋愛系の歌詞を書かないとされてきたアンメルツPがそのような歌詞を書いたという意外性
・今まで友人関係として描かれてきたアンメルツP宅のGUMIとリンが、直接の恋愛相手として絡むというボカロ同士の関係の意外性

おそらくこの**「問題点の解決」「メリット」という部分を考えて、アイデアの断片やテーマをいかにコンセプトへと高めていくか**、という部分が一番大変な作業でしょう。

「自分がやりたいことがやれる」のは当然のことなので、こういったメリットを増やすことで、他の人に曲が“刺さる”確率は高くなっていくのではないかと思います。もしそれが受け入れられなかったとしても、少なくとも単純に自己満足としての「やりきった感」「思い入れが深い」という感覚は残ると思いますし、前向きに次につなげられるのではないかと思います。

ちなみにこの曲の場合、タイトルはこの段階で決定しました。「歌謡曲っぽいタイトルやキーワード」を考えたときに、「じゃあ恋愛ものだから『ロマンス』という言葉は必ず使おう」と思い、それに「ネット恋愛」というテーマで曲全体のキーワードとなる「アバター」を加えて「ロマンシング・アバター」としたということです。

直接の関係はありませんが、ゲーム『ロマンシング サ・ガ』から語感だけを少しお借りして「ああゲームっぽい何かなんだ」と思わせたいという意図もありました。

多くの場合、コンセプトが出てくれば、それに基づいたタイトルも自然に出てきます。逆に、1つのアイデアやテーマからタイトルだけ最初に仮決めしてしまい、そこから連想ゲーム的にアイデアを広げてコンセプトをつくるという方法もあります。

コンセプトを一言で表すキャッチフレーズも、あらかじめ考えておけば動画投稿の際の宣伝に便利です。タイトルと同じくこの段階で決めてもいいのですが、曲が一通り完成してから決めてもかまいません。

この曲の場合は、動画投稿の直前に浮かびました。そのときたまたまTwitterで歌い手のことを「インターネット・カラオケマン」と揶揄（やゆ）するツイートが流れてきて、それをきっかけに

周りの人が議論を展開していたのが見えたため、「GUMI＆リンによるインターネット歌謡曲」というキャッチフレーズにしました。

ボカロ曲のことを自虐して「インターネット歌謡曲」、でも聴いてみたら本当にインターネットをテーマにした歌謡曲である、というわけです。

これまで書いてきたことをまとめると、以下のようになります。

① **GUMIと鏡音リンをデュエットで歌わせる必要が発生した**
→要件：「GUMIとリンによるデュエットソングを作る」
② **過去の自分の曲を振り返って、それとは違うことをやろうと決めた**
③ **自分が最近ハマっている歌謡曲のことを思い出し、そのような路線の曲を作ろうと決めた**
④ **歌謡曲の特徴と、自分としての新しい挑戦という意味で、ウェットな恋愛系にすることを決めた**
→アイデア：「GUMIとリンで、ウェットな恋愛を描いた歌謡曲を作る」
⑤ **「人間らしい」というGUMIの特徴と、「表裏一体のレンがいる」というリンの特徴を考え、さらになるべく効果的なメリットを生み出せるようにウェットな恋愛のストーリーを練り上げた**
→テーマ：「ネット恋愛」
→コンセプト：「『ロマンシング・アバター』という曲を作るためのストーリーの骨格」

■コンセプトを曲や歌詞に落とし込む方法

ここまでがしっかりできていたら、あとは頑張ってコンセプトを曲という具体的な形にしていくだけです。以下は2-1「曲ができるまでの制作工程を知る」に記述した制作工程にのっとり、1つずつ書いていきます。

◆コンセプトを曲にする①　曲の構成を考える

歌謡曲の典型的な「2番まできっちりあって、Cメロがなく、3番はサビを1度または2度繰り返す」という構成に従い、ストーリーの起承転結を意識しながら、コンセプトを当てはめていきました。

・**イントロ**：いかにも歌謡曲っぽい、ねちっこいピアノを入れる。
・**1Aメロ**：GUMIとリンのそれぞれ置かれている状況を簡単に説明する。
・**1Bメロ**：サビにつなぐためにGUMIとリンに今の感情を語ってもらう。
・**1サビ**：GUMI「声を聴かせてほしい」、リン「今はできない」。ステータスは並んでるのに切ない。

- **間奏：**歌謡曲では短めの間奏が多いのでそれに従う。目立つ楽器は入れない。
- **2Aメロ：**「どうしてこうなるまで放っておいたんだ！」に答えるための状況を説明する。
- **2Bメロ：**2Aメロを受けて、GUMIとリンに今の感情を語ってもらう。
- **2サビ：**本当のことを言ったら、終わりが来るだろう。本来必要ない駆け引きなのに切ない。
- **ギターソロ：**いかにも歌謡曲っぽい、歪んでないギターを入れる。
- **3サビ：**このままでいいよ、やっぱり本音は飲み込んでおこう。そうしたら明日も続くので切ない。

◆コンセプトを曲にする②－１　作曲

この曲は具体的な歌詞の単語よりもメロディのほうが先にできました。

歌謡曲の“いかにも”なメロディラインのひとつとして、「あるフレーズを2回繰り返す。その2回目の繰り返しは、1回目のフレーズを1音階下げたもの」というものがあります。

言葉にするとややこしいですが、この曲でいうと1番サビの「声を聞かせてよ　今はできないよ」「並ぶステータス　弾む指先が」のところです。その部分のコードは次のようになっています。

●「ロマンシング・アバター」のいかにもなメロディラインとそのコード

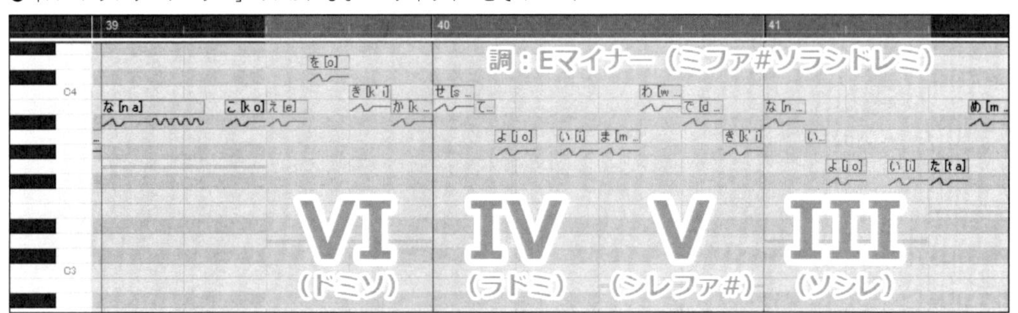

「簡単なコード進行の法則」の法則で紹介した、「2つ戻る」と「1つ進む」が使われていますね。キーは3-3「コード進行の法則」の中の「調の違いとトランスポーズ」で見たEm（トランスポーズ+7で短調）です。

こういった歌謡曲の「お約束」的なことを、この曲ではたくさん入れています。ジャンルごとのお約束をつかむには、やはりそのジャンルで定番とされている曲をいくつか聴いてみて注意深く観察してみるというのが一番だと思います。

◆コンセプトを曲にする②－２　作詞

ここまで来たら、いよいよ作詞に取りかかっていきます。

まず、Aメロやサビなどの各パートごとに、メロディから言葉が入れられる文字数を調べます。例えばこの曲のサビの場合、「6 7 7／8 8 8 3 5／5 7 7／8 8 10」というように文字数を並べて、テキストファイルやExcel、思考を整理できる「マインドマップ」を描けるフリーソフト「Xmind」（http://jp.xmind.net）などにメモしておきます。

次に、コンセプトから連想ゲーム的にひたすら言葉の断片を列挙していきました。この段階では、実際に曲に使えるかどうかは関係ありません。単語でも文章でもかまいません。とにかく量が重要です。行き詰まったら、出した中で使えそうな言葉からもう一段階連想をしていったり、ネットで類語辞典を見ながらさらにキーワードを絞り出します。

この曲の場合は、「守り合う関係」「安らぎ」「モニターに映る君」「これはそもそも恋と呼べるものなんだろうか？」などの言葉の断片を100個以上リストアップしました。

このような調子で進め、もう言葉が出てこないと思うほどまで列挙をしたら、振り分けを行います。

「①曲の構成を考える」のときに考えたパートごとのストーリーに合いそうなもの、例えば「これは2番のAメロっぽい」と思ったら「2番Aメロ」グループに振り分けます。この「言葉を振り分ける」ときに役に立つのが、ExcelやXmindなどのツールです。100個の言葉を考えたので、その3割がどこにも使えないものだったとしても、7個のパートに平均10個の言葉が並ぶことになります。

そして最後は、パートごとに具体的に歌詞を決めていく作業です。言葉を文字数に合うようにうまく当てはめていきます。

10個の言葉をそのまま、もしくは少し言い回しを変えて当てはめられるなら楽ですが、たいていはそううまくいかないものです。さらに連想し、あるいは複数の言葉の意味を含む上位の言い換えを見つけて、限られた文字数の中、最大限パートで意図した通りのメッセージを出そうと試行錯誤を繰り返すことになります。非常に頭を悩ませる作業ですが、ここが作詞の面白さでもあります。

ここで泣く泣く切り捨てた言葉は、裏設定としてTwitterやブログで公開したり、絵師さんにイラストを依頼するときに役立てたりする場合もあります。

◆コンセプトを曲にする③　編曲・調声

ドラム（7トラック）、ベース、ピアノ、シンセサイザー、ギター（左、右、ソロ）、エレクトリック・ピアノ、ストリングス、ボーカル（GUMIとリン、それぞれメインとコーラス）の19トラックで作りました。

歌謡曲ですから、時代を考えて太いシンセサイザーや派手に歪んだギター、力強いドラムといったものは使わず、バイオリンなどのストリングスとイントロのピアノ、Aメロでのエレクトリック・ピアノなどが印象に残るように作って行きました。

ボイスバンクには「GUMI V3 Sweet」と「鏡音リン Append Warm」を使い2人とも似たような優しい歌声に仕上げました。VOCALOIDエディタには、当時の最新バージョンだった「VOCALOID3 Editor」を使用し、比較的ベタ打ち（微妙な調整をしない打ち込み）に近いスタイルです。

■自分だけの曲を作るためのチェックリスト

「ロマンシング・アバター」を例にして、曲のコンセプトを決める過程を見てきました。以下の項目は、それらの過程を一般化してみたものです。チェックリストのように使ってみてください。きっと曲のコンセプトを作るのに役立つと思います。

◆チェック① 要件を整理する（5分）

- □ CDに収録するなど他の誰かから頼まれた曲か、それともそのような縛りがない曲か？
- □ 頼まれものなら、依頼者は誰で、どれくらいのクオリティを求められているのか？ 締切はいつか？
- □ どこに公開するものか？（ニコニコ動画、CD、友人などの内輪向けなど）
  ※6-2「作った曲をネット上で公開する」も参照

◆チェック② やりたい曲のアイデアを大ざっぱに固める（15分）

- □ 過去の曲の続編を作るのか、それともまったく関係ない新しい曲を作るのか？
- □ 過去の曲と同じジャンルを作るのか、それともまったく違うジャンルに挑むのか？
- □ そのジャンルの特徴とは何か？
- □ 自分が持っているVOCALOID音源の特徴とは何か？
- □ VOCALOIDをキャラクターとして見た時、「我が家のボカロ」に思う性格や特徴とは何か？
- □ 他の人から見た「自分らしさ」「自分らしい曲」とはどういうものか？
- □ 逆に「自分がこんなことをしたら意外に思われるだろうな」と思うことは何か？

◆チェック③ テーマの材料となる言葉を列挙する（30分）

※単語でも文章でもかまいません。量が重要です。

- □ マイブームや、頭の中で気になっていることは何か？ それの何に惹かれている（気になっている）のか？
  - ・ボカロ曲
  - ・ボカロ曲以外の音楽作品
  - ・映画やマンガ、ドラマ、スポーツなど、音楽以外のコンテンツ
  - ・食べ物やファッションなど一般的な趣味嗜好
  - ・仕事、家族、友人、恋人
- □ 自分がこれだけは譲れないと思う価値観、好きなもの、嫌いなものは何か？
  - ・具体的になぜそれが好き（嫌い）なのか？

- □ 最近自分の周りで起こった印象的な出来事は何で、それに対して自分はどう思うのか？
- □ 自分の友達や家族など、周りで流行っているものは何で、それに対して自分はどう思うのか？
- □ テレビやネットなどで最近話題となっているものは何で、それに対して自分はどう思うのか？

◆チェック④　アイデアとテーマからコンセプトを固める（40分）

- □ ②と③で出した言葉を、いくつかに分類したり、面白そうなものを拾ったり、一見すると関連のなさそうなものを組み合わせてみたりして、少しずつコンセプトを決めていこう。
- □ 曲の語り手を決めよう。（自分自身、物語の主人公、物語の第三者視点、VOCALOIDそのものなど）
- □ 物語音楽の場合、「自分」を「物語の登場人物」に置き換えて③の質問をやってみよう。
- □ VOCALOID視点の曲の場合、「自分」を「我が家のボカロ」に置き換えて③の質問をやってみよう。
- □ この曲が完成したら、どんな場所や場面で流れたらいいと思うか？
- □ この曲が完成して動画サイトに発表した際、ついたら嬉しいと思うコメントは何か？
- □ この曲が完成して発表した際に得ることができる、理想的な結果やシチュエーションとは何か？

とことん自分のこと、自分の周りのこと、自分の考え方に注目するのが、自分だけの曲を作るためのポイントです。自由に発想を広げて、これが自分の曲だと自信を持って言えるものを作りあげていきましょう。

4-3　物語的歌詞の書き方　――イソップ寓話を例に

■なぜ「イソップ寓話」を取り上げるのか？

ボカロシーンで広くリスナーの間に受け入れられている楽曲スタイルのひとつとして、「カゲロウプロジェクト」を始めとする、いわば「物語的」とも言える歌詞を載せたものが挙げられます。

これらの楽曲には、VOCALOIDのキャラクター性への依存が少ないオリジナルキャラクターが主人公となり、VOCALOIDを色のないストーリーテラーとして物語を語らせている、という傾向があります。

ここでは、このような物語的歌詞の構造について考えることで、我々がこのような歌詞を書くにはどうすればいいかについて考えていきたいと思います。

物語的歌詞における「物語」を考えるにあたり、ここでは「イソップ寓話（イソップ物語)」を題材にしていきたいと思います。これを取り上げる理由としては、誰もが知っている有名な題材で、共通理解がしやすいということもあるのですが、実は、イソップ寓話とボカロシーンにおける物語的歌詞の間には、共通の構造が多く存在するのではないかと筆者は考えています。

イソップ寓話の特徴は2つ。1つは、**「1話が短い」**ということです。

イソップ寓話の原作は、『イソップ寓話集』（中務哲郎訳、岩波文庫刊、1999年）という本で読むことができます。ここには471話が収録されているのですが、ほとんどは1話が1ページ以下のショートストーリーばかりです。例えば有名な「ウサギとカメ」の場合は、教訓部分を含めてもたった6行しかありません。しかし、その中で十分に起承転結を含んだストーリーが展開しています。これは、1曲3～4分という曲の歌詞のスケールで考えるには、非常に適しているのではないでしょうか。

もう1つの特徴は、**「必ず教訓（メッセージ）が込められている」**ことです。例えばわかりやすいのは「羊飼の悪戯」、いわゆる「オオカミ少年」でしょう。「嘘をついてはいけない」という教訓が鮮烈に伝わってきます。

「寓話」という言葉には、「教訓を伝えることを目的として作る物語」という意味があります。つまり最初に中核として「伝えたいメッセージ」が存在するけれども、それを直接伝えたところで「単なるお説教」になってしまう。そこで例え話にして、面白さというオブラートに包みながら説得力を加えて出す。そのための物語が「寓話」です。

ちなみにカゲロウプロジェクトにおいても、アルバム『メカクシティレコーズ』初回限定盤の特典ブックレットの中で、作者のじん氏による各曲へのコメントがあり、そこで曲に込められたメッセージが語られています。

この2つの特徴をふまえて、ここでは「物語的歌詞」を下記のように定義し、話を進めたいと思います。

「物語的歌詞」=「メッセージを、キャラクターが織り成すストーリーによってオブラートに包んで表現した歌詞」

つまり**物語的歌詞を書くためには、「メッセージ」「キャラクター」「ストーリー」の3つを考えて、それを歌詞に落とし込めばよい**、ということになります。メッセージを先に考えたほうがうまくいく人と、キャラクター先行で話を作るのがうまい人の両方がいます。どちらが自分に合った順番なのか試してみてください。

ちなみにこの『イソップ寓話集』を読むと、今まで自分が知っていたイソップ寓話が全体のほんの一部だったことを実感させられます。大人にも刺さる話が多く収録されていますので、一度読んでみてはいかがでしょうか。

ただ、ロバを「驢馬」と表記するなど、翻訳にあたって少し硬めの文章となっているほか、子供向けの絵本には決して登場することのない下ネタ系の話も出てくるので、個人的には高校生以上におすすめしたいと思います。

■メッセージ（教訓／テーマ）を考える

最初にメッセージを考える場合、前節「自分だけの曲を作るためのコンセプトの決め方」でいうところの「テーマ」（アイデアを編集するための視点や方向性）を考えるのと同じことをやります。「自分だけの曲を作るためのチェックリスト」を参考にしてください。普段から思っていることに少しひねりを加えるような感じで、まとめていきましょう。

■キャラクターを作る

イソップ寓話では、ライオン、キツネ、ウサギなどの動物や、ゼウスなどのギリシャ神話の神様などがよく登場します。ここで動物などを主人公にするのは利点があります。それらの動物には「みんながこう思っているだろうというイメージ」=「キャラクター性」がすでに存在するからです。

オリジナルのキャラクターを1から作ろうとすると、当然ですがそのキャラクターの設定を、物語の中で読者に分かるように提示しなければなりません。その点、動物であれば、「ライオンは強くて男気がある」「キツネはずる賢い」などのキャラクター性がすでに存在するので、いちいち回りくどい説明をしなくても、すぐに物語の本題そのものに入っていけるため、全体の文章がコンパクトに収められるというメリットがあります。

ここで重要なのは、実物のキツネが本当にずる賢いかどうかは関係ないということです。「キツネはずる賢い」とみんなにそう思われているからこそ、説明なしに「キツネがツルをだます」というようなストーリー展開になっても、「キツネだからしょうがないね」という納得感が得られるのです。架空の人物だろうと、実在の人物だろうと、歴史上の人物だろうと、歌の前では、すべてが等しくキャラクターとして扱われます。

完全オリジナルのキャラは初心者には難易度が高いので、最初は既存のキャラクターを参考にする二次創作的な発想でやるのがいいと思います。とはいえ、既存アニメなどのキャラをそのまま主人公にすると完全な二次創作です（そのような「第三者によるスピンオフ」や「別視点」作品もすごく好きですが）。その点では、動物や歴史上の人物をモチーフにするととても扱いやすいと言えます。

あとは、キャラクターとしてのVOCALOIDの特徴を生かすやり方です。ボカロキャラを知ってこそ、ボカロキャラに依存しないやり方もそのうち身についてきます。VOCALOIDというシステムは、いろいろな意味で「初心者養成ギプス」だと思います。

■ストーリーをプロットする

キャラクターを活かして、『イソップ寓話集』の1話の長さくらい、1ページ以内に収まるような短いあらすじを作ります。この時点では、まだキャラのセリフなどは考えません。

キャラクターをメッセージより先行して作った場合は、ここでストーリーとそのオチとしてのメッセージを同時に考えます。最初にメッセージありきの場合は、作ったキャラクターとメッセージのギャップを埋めるように、連想ゲーム的につないだり、5W1H（いつ／誰が／どこで／何を／なぜ／どのように）の質問を繰り返して発想を広げていくことにより創作します。いずれにせよ、まずはストーリーのタネとなるアイデアをたくさん出して、より良いものを絞っていくとよいでしょう。

ストーリーを作りやすいという点においては、最初は「ウサギとカメ」のように、登場キャラクターを2人用意したほうが簡単です。**キャラクターが2人いると、そこに関係性や比較という要素が生じる**からです。

例えば「ウサギとカメ」であれば、足の速さに明確に違いがあります。そこで普通に進めると「ウサギがカメと競争すると、足の速いウサギが勝ちます」になるところを、どうひっくり返すか、あるいはひっくり返さずにメッセージにつなげるストーリーが描けるか、というのがストーリーを面白くするための腕の見せどころになります。

「酸っぱいブドウ」のキツネや、「塩を運ぶロバ」のロバのように、1人の登場キャラクターがいろんな出来事に遭遇する話の場合は、いかにそのキャラクターの内面心理を考えられるかがポイントかもしれません。

ストーリーとメッセージの関係性で面白いのは、途中まで同じシチュエーションであっても、オチの作り方次第で大きくそのメッセージが変わることです。あるストーリーの裏側や続きを考えたり（「悪ノ召使」（sm3133304）はあまりにも有名な例でしょう）、あえてひねくれた結論を考えることで、インパクトを与えるものができます。

例えば、「酸っぱいブドウ」の話を考えます。キツネが高いところにあるブドウを見つけるものの届かない。イソップ寓話では、ここで「あのブドウは酸っぱいに違いない」と負け惜しみのセリフを吐いて立ち去るのですが……

・仲間を呼んで、知恵を振り絞ろう。みんなの力で諦めずにあのブドウを掴みとるんだ（熱いアニソン風）
・ブドウひとつ取れぬ無力な自分に絶望し、木にロープをくくり死ぬ。人はなぜ届かない物を求める？（中二病風）
・ふと地面のほうを見たら、小さな木の実が落ちていた。ささやかだが幸せは足元にあったのだ（J-POP風）

……のような話を作ることもできます。このようなアイデアを出すには、あえて論理的なところを感情的にとらえたり、暗い話をポジティブにとらえる、というような発想転換が必要です。積極的にひねくれてみましょう。

■ストーリーのディテールを考え、歌詞・曲に落とし込む

イソップ寓話の原作は前述のように短いのですが、子供向けの童話や絵本では、原作に存在しないウサギとカメの会話シーンなどを入れたり、絵で表現するなどして、より子供に伝わる物語にしています。つまり極端に言えば、我々が子供の頃に知るお話は、「【独自解釈】ウサギとカメ【手描きPV作ってみた】」であるとも言えます。

さらに、「ウサギとカメ」は童謡にもなっているのはご存知の通りです。ちなみにこの歌詞は、その全てが原作にはない「セリフ」か「擬音」で構成されています。1番がウサギ、2番がカメのセリフとなっており、説明臭い文章になることなく自然に状況説明をしています。

このように、寓話を絵本や童謡にするのと同じ要領で、ストーリーを歌詞に落とし込んでいきましょう。

ポイントは、味気ない短いあらすじになっているストーリーを、キャラクターのセリフや、簡潔な状況説明などを通じて、あたかも聴いた人に絵が浮かぶようなものにしていくということです。アニメの第1話やハリウッド映画の冒頭シーンなどが、セリフで状況説明を表現していく際の参考になります。登場人物の心理になって考え、「キャラクターがそのストーリーに出会ったときに、言いそうなセリフ」を作っていきます。ここも最初はとにかく“量を出す”ことが肝心です。あとでそこから厳選した表現を、文字数を合わせて歌詞にしていきます。

できれば前半の早めに、キャラクターの概要はわかるようにしたいところです。「酸っぱいブドウ」であれば、1Aメロ「僕はキツネだ」→1Bメロ「歩いていてふと空を見上げたら、何かを見つけたんだ」→サビ「はるか上空のブドウ、手を伸ばしても届かない。悔しい」のようなイメージです。もしくは開始数秒のつかみを狙って、0サビからいきなり遭遇した出来事を語っても面白いかもしれません。

また、イソップ寓話の原作では、メッセージとなる教訓が堂々と示されていますが、歌詞の中ではストーリーのオチまでを提示しておいて、メッセージは別の場所（動画説明文やブログなど）にほのめかしておく程度がよいかもしれません。自分の中での「正解」は一応あるとしても、曲からどんなメッセージを感じるかは、最終的には聴いた人に委ねることになりますので、ある程度自由な解釈ができる幅を持たせておきましょう。

次にメロディ・編曲面を考えます。詳しくは第5章で触れることになりますが、曲のカラーを決めるのは編曲によるところが大きくなります。メッセージやストーリーに合った曲調をうまく選んで表現できると、曲全体の説得力がより増します。例えば先程の「酸っぱいブドウのバリエーション」の話では、次のような感じでしょうか。

- **熱いアニソン風：**王道コード進行のロックで、サビは上下動の激しいドラマチックなメロディ
- **中二病風：**短調をベースに、ストリングスを絡めたヴィジュアル系っぽい曲
- **J-POP風：**ややスローテンポにして、Bメロにラップを入れて、サビはユニゾンで合唱

ちなみに、「カゲロウプロジェクト」の商業化以降の楽曲（特に『メカクシティレコーズ』収録作品）はこの「メッセージやストーリーに合った曲調選び」が非常にうまい部分があり、必ずしも高速ロックにこだわらずに、各曲の主人公が遭遇するシチュエーションに合わせた多様な音楽ジャンルを導入しています。曲によっては、編曲を別の人に任せてまでもそれを行っています。

ただし編曲はDTMの醍醐味(だいごみ)だと個人的には考えているので、趣味で制作する分には、なるべくならご自身で取り組んでその面白さを感じて頂きたいと考えています。その際、表現できる曲の引き出しがたくさんあると、物語的歌詞を載せた楽曲を制作するのに確実に有利です。食わず嫌いせず、普段から色々なジャンルの楽曲に接することを心がけましょう。

■実例・参考書籍・まとめ

筆者の曲では、「偽りの勇者、偽りのセカイ」（sm17308586）がまさに上記のような手法で作った曲です。

主人公は「古典的なRPGにありがちな、一人で魔王を倒した勇者」なのですが、「勇者」と「民衆」というふたつのキャラクターの関係性や比較を描いた曲、とも言えます。

「勇者が魔王を倒して、世界は救われました」ではつまらないので、その続きを二次創作的に考えた結果、「世界を救った勇者が祭り上げられたり、知名度や人気を利用する民衆に疲れて絶望し、魔王を倒したのと同じ呪文で世界を滅ぼす」というストーリーを作り、「本当の魔王は僕なのか？」「伝説が造られる　そんなのウソさ」といったセリフに落とし込みました。

メッセージ（教訓）は動画説明文に書いた通り「大きなことを成し遂げても、その場にいる全員が幸せになれるということは絶対にない」というものがメインですが、「人間の欲望は、時として魔王よりも汚い」「突然有名になった人には、何か企みがある人がすり寄ってくるから、気をつけてね」などというものも込めています。

ちなみに、「イソップ寓話」以外で寓話的な性質を持つお話が読みたいという方には、定番かもしれませんが、星新一氏（http://www.hoshishinichi.com）のショートショート集をおすすめします。たくさん作品は出ているのですが、電子書籍で300～400円台で買える作品がかなりの数あります。

代表作の1つである『ボッコちゃん』（新潮文庫刊）には、50遍の話が収録されています。また、『未来いそっぷ』（新潮文庫刊）という作品には、冒頭にイソップ寓話をアレンジした話がいくつか収録されています。その中の「余暇の芸術」というお話には、技術革新で労働時間が短縮し、誰もが芸術に携わる時代を舞台にして、面倒くさい人間関係の事情が描かれていたります。とても1970年代に発行されたとは思えない、現代を予見させるようなグサリと刺さる内容です。

ここまで物語的歌詞の書き方を見てきましたが、こうして見ると、このような楽曲の作り手は「楽曲を小説化する」のではなく、「小説のようにストーリーを構築してから曲を作っている」という発想に立っていることがわかるのではないかと思います。

ただし、その物語は最初から超大作にしようとは考えないほうがいいと思います。リスナーの反応がダイレクトに伝わるのがネットですから、まずは1曲発表してみて、それに対する反応をフィードバックした続編を考えるのも良いですし、逆に裏をかくのも面白いと思います。物語的歌詞には、リスナーとともに物語を成長させていく楽しみがあります。

5

第5章　オリジナル曲を作る　編

曲・ミックス編

◉

5-1　編曲とは何か

■曲作りにおける「編曲」の重要性について

第3章では、簡単なコード進行の作り方と、そのコード進行に載せるメロディの作り方を解説しました。これが「作曲」と呼ばれる部分です。この段階で、ピアノでコードを奏でて、ボーカルがメロディラインを歌うという簡単な曲の形が完成したことになります。

本章では、そうして作ったコード進行とメロディに対して、オケを作成して曲を彩っていくという、「編曲」（アレンジ）の部分についての解説を行いたいと思います。

曲のカラーを決めるうえで、編曲という作業はものすごく重要です。

同じ歌詞と同じメロディがあったとしても、編曲によってはまったく違う雰囲気の曲が完成します。それは、ニコニコ動画で「VOCALOIDアレンジ曲」というタグを検索して、出てきた曲を原曲と比較しながら聴いてみるとよくわかると思います。

例えば2009年には、supercellの「恋は戦争」（sm2397344）をみんなで寄ってたかってアレンジしてニコニコ動画に公開する企画「恋は洗脳」（https://www.nicovideo.jp/mylist/14404095）が有志によって開催されました。60曲近い作品が寄せられ、そのどれもが違う個性を放っていることに驚かされます（筆者も参加しています）。

2010年には「般若心経ポップ」（sm11982230）の発表に端を発し、「般若心経○○」という名前のアレンジ作品が大量にニコニコ動画に投稿される祭りが起きました。「般若心経アレンジリンク」でタグ検索すると、実に300件以上の作品が存在することがわかります。このように、歌詞とメロディをどう活かすかは編曲しだいなのです。

余談ですが、今の日本の著作権法では、編曲した楽曲は「歌詞とメロディから生まれた二次的な著作物」という扱いになっています。またJASRACにおいても、著作権の信託対象は歌詞とメロディに限られており、編曲は対象となっていません。このように、編曲者の扱いは作詞・作曲者に比べるとやや軽い扱いとなってしまっている状況なのですが、曲の印象を真に決めるのは編曲であり、編曲者は作詞・作曲者を影で支える縁の下の力持ちとも言える存在です。

■編曲の正体とは何か？

編曲という作業は、細かく分解していくと、端的に言えば次の2つの「決断」の繰り返しです。

① どのような楽器を使うか
② 各楽器をどのように打ち込むか

上記①と②それぞれの決断を、曲の中で鳴らす楽器の数だけ繰り返すことが、「編曲」という作業の正体です。繰り返す回数（＝楽器の数）は、普通は数回〜十数回です。プロの場合は数十回というケースもあります。RPGで言えば、①パーティーのメンバーを選んで、②敵を倒す戦略を練ることに似ています。

ということは、上記2つの決断にあたり、それぞれ必要な知識があれば、編曲作業がよりスムーズに進んだり、作ることのできる楽曲の幅が広がることになります。それは次のようなものであると考えています。

① 楽器の種類と、その楽器が使われる音楽ジャンルに関する知識
② 楽器ごとの打ち込み方の特徴に関する知識

①に関しては、頭の中で作りたい音楽を思い描いたとき、それを具体的に形にしていくために、適切な楽器を選ぶ必要があります。ロックを作るにはエレキギターを、じわじわ染み入るようなバラードにするにはピアノとストリングスを選ぶ、といった具合です。

②については、それぞれの楽器について、実物の特徴をある程度知った上で、DAWに打ち込む必要があります。①で適切な楽器を選んだとしても、その打ち込み方が不適切であれば、なかなか頭に思い浮かんだ音が再現できなくてもどかしい思いをすることになります。その典型的なケースとしては、「ピアノのコードを打ち込むのと同じ感覚でギターを打ち込んだら、何か違和感のある音になってしまった」というものがあります。

最初はなかなか頭の中で鳴っているイメージの音楽が再現できなくて苦労すると思いますが、スマートフォンの着信音や、短いポップス、コード展開がシンプルなダンスミュージックなどをいくつか作っていくうち、だんだん上達してくると思います。

また最初から明確な曲の完成イメージがなくても、なんとなくこういうジャンルの曲にしたいというときに楽器を選び、コードに沿った適切なフレーズを打ち込んでいくことで、編曲をしながら自然に曲の展開を固めていくことができるようになります。このレベルまで来ると、かなり上達したと言えるでしょう。

次の表は、本章で取り上げる各楽器、および音楽ジャンルを記述したものです。どのジャンルにどの楽器が必要であるかを簡単に主観でまとめました。各楽器の詳細解説については、次の章で行います。

●各音楽ジャンルでよく使う楽器一覧表

番号	楽器名 ＼ ジャンル名	ポップス					ロック				クラブ系				その他			
		アイドル系	ダンスポップ系	ギターポップ系	ゴシック系	バラード	アメリカンロック	高速ロック系	パンク／スカ	メタル	エレクトロニカ	ヒップホップ／R&B	ハウス系	EDM／トランス	ジャズ／フュージョン	クラシック	民族調	チップチューン
(1)−1	ドラムセット(ドラム)	◎	◎	◎	◎	○	◎	◎	◎	◎	◎	◎	◎	◎	◎	△	○	
(1)−2	パーカッション	○	○	△	△		△	△	○	△	△	○	○	△	○	◎	◎	
(2)−1	ピアノ	△	○	△	○	◎	△	△	△	△	○	○	◎	△	◎	○		
(2)−2	エレクトリック・ピアノ(エレピ)	△	△	△	△	△	△	△	△	△	◎	○	○	△	△			
(2)−3	ハープシコード				◎		△			△						○	△	
	オルガン	△			○		○	△		△		△	△		○	○		
	鍵盤打楽器(ベル類・マリンバなど)	○	○	△	○						△	△	△	△		○	○	
(3)−1	アコースティック・ギター	△	△	◎	△	○	○	△	△	△	△	○	○	△	△		○	
(3)−2	エレクトリック・ギター	○	○	○	△	△	◎	◎	◎	◎	○	○	○	△	○			
(3)−3	エレクトリック・ベース・ギター(ベース)	◎	◎	◎		○	◎	◎	◎	◎	△	○	○	○	○			
(3)−4	アコースティック・ベース					△									◎	○		
(3)−5	ストリングス	○	○	○	◎	◎	△	○		○	△	○	○	△	△	◎	○	
(4)−1	ブラス	○	△	△	△		△	△	◎	△		△	○		◎	◎	○	
(4)−2	リード	△	△	△	△		△	△	◎	△		△	○		◎	◎	○	
(4)−3	パイプ(フルート類など)	△	△	△	△	△				△	△				△	◎	◎	
(5)−1	シンセリード	○	◎	△	△		△	○		△	◎	○	◎	◎				△
(5)−2	シンセパッド	○	○		△		△	○		△	◎	○	◎	◎				△
(5)−3	シンセSE	△			△			△		△	◎	○	△	△		△	△	△
(5)−4	8bitサウンド	△	△					○			△	△	△	△				◎

◎＝ほぼ必須、○＝よく使う、△＝たまに使う （※無印でも全く使わないとは限らない）

5-2　楽器の種類とその特徴

それでは、具体的に楽器の種類とその特徴をひとつずつ見ていくことにします。これがRPGで言うところのパーティーのメンバーとなります。冒険ごとに、どの仲間を選んで旅に出かけるかはあなた次第です。

楽器ごとに、対応ジャンルの幅広さを示す「使用頻度」と、打ち込みでリアルな音を再現するにあたっての「難易度」を主観により5段階評価しています。使用頻度が高くて難易度が低いものから順番に使っていき、編曲の引き出しの幅を広げていきましょう。

■打楽器

◆ドラムセット（ドラムス）

使用頻度★★★★★　　難易度★☆☆☆☆

ここでとりあげるのは、一般的なポップスやロックのバンドにおける、いくつかのドラムが集合した普通のドラムセットです。ドラムスは、とりあえず打ち込みを行うだけなら最も簡単な部類に属する楽器だと思います。他の楽器と違い、メロディを奏でるものではないからです。また、他の楽器で重要な「音の長さ」という部分もあまり気にしなくてかまいません。

ちゃんと人間味のあるニュアンスに仕上げるには、音選びや音量、エフェクターなどの細かい調整が必要となりますが、それは他の楽器にも共通して言えることですので、まずはある程度定番とされるパターンを覚えてベタ打ちでもいいから打ち込めるようになるといいと思います。

ピアノソロなどでもない限り、ドラムスはほぼすべてのジャンルの音楽において必須の楽器となっています。またギターやキーボードと違い、ドラムスは本物を用意するのがそれなりに大変な道具ですので、打ち込みの方法は必ず押さえておくべきと言えるでしょう。詳細は、5-3「各楽器の打ち込み方」の中で解説します。

◆パーカッション

使用頻度★★★☆☆　　難易度★★☆☆☆

本来は打楽器全般を意味する言葉ですが、一般的には「普通のドラムセットにはない打楽器」のことを指してパーカッションと呼びます。カスタネットやタンバリン、ラテン系の曲でよく使われるコンガやボンゴなどもここに属します。種類が多いので、Wikipediaで「パーカッション」や「打楽器」をあたってみてください。

ラテン、ケルトなど民族調の曲では普通のドラムセットにないパーカッションが大活躍します。その際は、作りたいイメージの地方に合わせ、適切にパーカッションの種類を選択する必要があります。

ポップスやクラブ系楽曲でも、ドラムセットよりも少し小さい音量でタンバリンやコンガを隠し味程度に入れると、表にはあまり聴こえなくても曲のノリがけっこう変わることがあり、ここは奥が深い部分です。

【参考】

▼「コンサートパーカッション楽器ナビ」(ヤマハ)

https://jp.yamaha.com/products/contents/percussion/navi/index.html

▼「打楽器(パーカッション)の種類とその特徴」(パーカッションライブラリー)

http://drum-percussion.info/category1/

■鍵盤楽器

◆ピアノ

使用頻度★★★★★　　難易度★★☆☆☆

奥行きが巨大なものがグランドピアノで、コンパクトなものがアップライトピアノです。誰もがある程度なじみのある楽器であり、またあらゆるジャンルで幅広く活躍します。曲作りをする際、まずはピアノ音源でコードとメロディを打ち込んで、そこから本格的に編曲を始めるという場面も多いでしょう。

主役として真ん中に鎮座することも、曲の後ろ側でコードを奏でることもできる万能選手です。ギターなどに比べると特殊な奏法が少ないため、ベタ打ちでもそこそこ聴ける程度にはなります。

またピアノの音は、どのDAWを買ってもたいていはその中の総合音源の一部として用意されている点が心強いと言えます。安い音源でも、あまりチープな印象を受けないのも使いやすいポイントです。

そのため、初心者の方は、まずピアノが活かせるジャンルの曲を作って練習を重ねるのが良いでしょう。ピアノソロとボーカルのみからなるシンプルなポップスやバラードから始め、徐々にドラムスやベース(後述)を導入したポップスやダンスミュージックなど、作れる曲のレパートリーを増やしていきましょう。

余談ですが、DTMにおいて打ち込みはたいていMIDIキーボードなどを使って行うため、小さい頃にピアノ演奏を経験した方は、作曲をするのに若干ですが有利になるのではないかと思います。

◆エレクトリック・ピアノ(エレピ)

使用頻度★★★☆☆　　難易度★★☆☆☆

鍵盤の打鍵を電気信号に変換し、それをアンプで増幅して、スピーカーから音として出力する、電気式のピアノです。機種としては「ローズ・ピアノ（フェンダー・ローズ)」や「クラビネット」が有名です。

ひとくちにエレピといってもその音色はさまざまです。昔の洋楽ロックなどで活躍しそうな太い音のものから、クラブサウンドの中でも静かで叙情的なジャンル（エレクトロニカ、アンビエントなど）に合いそうな繊細な音までありますが、どれも比較的個性が強く、曲を選ぶ音色がやや多いという印象です。

音量をかなり絞って曲の後ろでコードを奏でるだけでも、空気がちょっと変わったりしますので、いろいろ試してみましょう。打ち込み方法は基本的にピアノと同じで、それほど特殊な奏法などはありません。

◆その他の鍵盤楽器

ゴシック系の楽曲で聴き覚えのある方も多いかもしれない、ちょっと耳につく感じの「ハープシコード」や、鍵盤を使って選択したパイプやリードに空気を送って音を出す「オルガン（パイプオルガン、リードオルガン、アコーディオンなどが含まれる)」などがあります。

オルガンは、ピアノと違って鍵盤を押している間は音があまり減衰しないことが大きな特徴のひとつです。荘厳な雰囲気を出したり、逆に暗めのロックに使ったりします。

また、各種ベルや木琴、マリンバのような、叩いて音を出す「鍵盤打楽器」もあります。音源によっては、ベル系の音としてまとめて扱われていたり、ドラムセットのほうにパーカッションと一緒にまとめられていたりと、分類が違うこともあります。

■弦楽器

◆アコースティック・ギター（アコギ）

使用頻度★★★☆☆　　難易度★★★★☆

ギターは打ち込みが難しい楽器の1つとされています。理由としては、弦楽器としての独自の奏法があることが挙げられます。

ギターは6本の弦を弾くことで音を出す楽器です。左手の指で弦を押さえて、右手で弦を弾きます。この際、左手の指の位置によって、実際に奏でられる音の高さが変わります。これらの指の動かし方や押さえ方しだいで、音にいろいろな表情をつけることができます。

ストローク奏法（ストリートの弾き語りなどで、ギターをジャカジャカ鳴らしているあの奏法）では、5～6本の弦を同時に弾くので、同時に5～6種類の高さの音が出ていることになります。ギターを打ち込む際にはこれを再現しなければなりません。つまり、5～6個のコード構成音をDAW上で重ねることになります。ここがピアノの構造と決定的に違う点で、ここをわかっていないと、いくらリアルな音がする音源であろうと“それっぽい音”は出ません。

最初はギターソロのパートのみを作ったり、アルペジオ（後述）で奏でるなど、単音の奏法を曲に取り入れる方向で行くのがいいかと思います。慣れてきたところで、徐々にストローク奏法にも挑戦していきましょう。

無料のWebサービス「かんたんコードブック」では、ギターのコードを入力すると、押さえるべき指のポジションを表示したコード譜が表示されます。コード音の試聴や、そのコードがキーボードではどう打ち込めばよいのかを表示機能もあり、各コードに対応した打ち込むべき5〜6種類の高さの音がわかります。

▼「かんたんコードブック」（リットーミュージック）

http://www.rittor-music.co.jp/app/shibanzukun/simplechordbook.html

やや高価ですが、「RealGuitar」や「ELECTRI6ITY」などのソフトウェア音源は、鍵盤1つでコードを鳴らしてくれるため、作業効率が大幅に改善されます。ギターの打ち込みに煩わしさを感じた方は、時間をお金で買う感覚でこれを買ってしまってもいいと思います。

▼MusicLab「Real Guitar 5」

https://sonicwire.com/product/40981

▼VIR2「ELECTRI6ITY」

https://sonicwire.com/product/33021

◆エレクトリック・ギター（エレキギター）

使用頻度★★★★☆　難易度★★★★★

ロックを作るのであれば、まず必須と言えるエレキギターです。ロックに限らず、ダンスミュージックやアニメソング寄りのポップスなどでも幅広く活躍します。音が寂しいときにシンセサイザーと並んで編曲のアクセントになってくれる楽器です。

エレキギターのストローク奏法では、アコースティック・ギターと同じく通常の5〜6音コードを重ねるもの以外に、パワーコードと呼ばれる、2つの音だけを重ねる方法もあります。高速の8ビートロックやパンクなどでよく聴かれるような音が出ます。

アコースティック・ギターと違う部分として、「“エレキギターの音”は、エレキギター単体で出すものではない」という点が挙げられます。私達が聴いている「エレキギターの音」は、エレキギターの弦の振動を、ピックアップと呼ばれるマイクの一種で電気信号として拾い、それをアンプで増幅して、スピーカーから音として出力したものなのです。

そのため、エレキギターの打ち込みでリアルな音を出すためには、エレキギター音源そのものと、奏法を再現する打ち込みテクニック以外に、アンプシミュレーターのエフェクターも必要となります。「ディストーションギターの音源」のように、あらかじめエフェクターをかけられたギター音源もありますが、よりリアルさを求めるのであれば、「クリーンギター」（何もエフェクトがかけられていない素のエレキギターの音色）に別途エフェクターをかけるのがいいと思います。

このアンプシミュレーターは、多くのDAWに付属しています。

・Cakewalk by BandLab：「TH3 Cakewalk Edition」
・GarageBand：「Guitar Amp」
・Studio One：「Ampire XT」
・Cubase：「VST Amp Rack」

DAWに付属するもの以外で筆者がおすすめするアンプシミュレーターは「AmpliTube Custom Shop」です。海外のサイトでユーザー登録は必要ですが、無料（無課金）でも何種類かのバリエーションが使えるほか、いろいろな種類のアンプやエフェクターを個別にダウンロードで購入できます。

▼IK Multimedia「AmpliTube Custom Shop」
https://www.ikmultimedia.com/products/amplitubecs/

【参考】
▼「パワーコードの練習」（エレキギター博士）
http://guitar-hakase.com/2770/

◆エレクトリック・ベース・ギター（ベース）

使用頻度★★★★☆　難易度★★☆☆☆

ポップスやロックにおける「ベース」といえば、一般的にこのエレクトリック・ベース・ギターを指します。エレクトリック・ギターと同じく、弦を弾くことで音を出す楽器です。弦の数は4本のものが一般的です。

他の楽器に比べるとかなり低い音域を奏でます。ドラムスと並ぶ、曲を底で支える重要な存在です。家で言えば基礎・土台になるような部分です。

基本的には単音を鳴らす楽器ですので、打ち込みは他と比べて手間がかかりません。まれにオクターブ上やコードを鳴らすことはありますが、それは特殊な奏法ですので最初は考えなくてかまいません。エレキギターと同様、より良い音を出すためにはアンプシミュレーターが必要となります。

なお、音源の一覧を見ていると「スラップベース」という名前をよく見かけますが、これは「ベースをスラップ奏法で弾いたもの」です。ファンクなどの音楽でベコベコ言ってるアレです。主張が激しいので、使うのであればここぞという場面で使いましょう。普通のベース音源の打ち込みを工夫することでスラップ奏法も再現できますが、若干面倒です。

【参考】

▼「ベーススラップでノリを演出」(Sleepfreaks)

https://sleepfreaks-dtm.com/produce-recipe/slap-bass/

◆アコースティック・ベース（コントラバス、ウッドベース）

使用頻度★★☆☆☆　　難易度★★☆☆☆

エレクトリックではないベースは、一般的にコントラバスやウッドベース（※和製英語）と呼ばれているものです。どちらかというと、ジャズやクラシック音楽などにおいて活躍する楽器です。そのため、ポップスやロックを制作する場合は、ベースの音源は決め打ちで「エレクトリック・ベース・ギター」のほうを選んでしまってもかまわないと思います。

打ち込みの手法についてはエレクトリック・ベース・ギターと同様で、複数の音を同時に奏でることはほとんどありません。

◆ストリングス

使用頻度★★★☆☆　　難易度★★★☆☆

ストリングスは、これも本来は弦楽器全般のことを指すのですが、DTMにおいては、音楽の授業でクラシック（オーケストラ）の編成を覚えるときに学んだかもしれない、バイオリン、ビオラ、チェロ、コントラバスによる合奏のことを指して「ストリングス」と呼ぶことが一般的です。

クラシック以外で使われることの多いジャンルは、まずはバラードでしょう。うまく使いこなせば劇的な感情の盛り上がりを引き起こすことができます。ロックでも使われます。ボーカルのメロディラインを補完するように奏でられたり、全音符でコードを奏でたりします。ストリングスといえば、感動を演出するために使うというイメージが強いかもしれませんが、8分音符程度に短く区切った奏法は、ポップスで軽快さを表現するために使われることもあります。

最初のうちは「ストリングス」という名前の音源を1つ使って、1トラックに音を重ねていけば、ひとまずは十分満足した結果が得られると思います。よりリアルさを追求するには、「バイオリン」「ビオラ」「チェロ」と、個別の楽器の音源を使って、それぞれのトラックごとに打ち込みを行います。ベースがすでに存在する曲には、コントラバスはあまり使われません。

【参考】

▼「ストリングスアレンジはパート編成が鍵になる！」(楽器.me)

https://gakki.me/c/?p=TCON0020

■管楽器・吹奏楽器

◆ブラス（金管楽器、ラッパ）

使用頻度★★★☆☆　難易度★★★☆☆

簡単に言えばラッパです。例によって「ブラス」という名前の楽器はありません。トランペットやトロンボーン、ホルンなど、唇（くちびる）を震わせることで音を出す金管楽器の総称としてブラスと呼ぶことが一般的です。

華やかで主張する音色が特徴です。その構造上、和音は出せませんが、実際のバンドやオーケストラでは、複数人の編成を組むことでさまざまなハーモニーを生み出しています。ブラスによるアレンジは、ストリングスと同様、非常に奥が深いです。

ブラスが主役級の活躍をする音楽ジャンルとしては、クラシック、ジャズやフュージョン、スカなどが挙げられます。パンクロックなどのイントロで明るさを演出するために使われたり、ポップスでもボーカルの合いの手になるような感じで曲を盛り上げるためによく使われたりもします。

◆リード（サックス系木管楽器）

使用頻度★★★☆☆　難易度★★★☆☆

木管楽器のうち、吹き込み口にあるリード（Reed、葦（あし）のこと）と呼ばれる機構に息を吹き付けることで音を出す楽器をまとめて「リード」と称することがあります。サキソフォーン（サックス）やクラリネットなどがその代表です。

特にサックスはブラス同様に、クラシックやジャズ、スカなどで活躍しています。トランペットやトロンボーンよりも柔らかい音色を奏でるため、互いに補完し合うような関係を形成しており、相性は抜群です。例えば3人編成では、高いほうからトランペット→アルトサックス→トロンボーン、のようになります。

◆フルート系木管楽器（パイプ、笛）

使用頻度★★★☆☆　難易度★★☆☆☆

いわゆる「笛」です。木管楽器のうち、吹き込み口に直接息を吹き付けて音を出す楽器のことです。

フルートやピッコロのほか、リコーダーや尺八などもここに属します。リードよりもさらに繊細な音色が特徴です。この中でもフルートは一番使用頻度が高く、ポップスの中でも可愛（かわい）さを出したいときや、民族調、あるいはゲームミュージック的なファンタジー系音楽を作りたいときなどに使われることが多いという印象です。

音源集の中には「パイプ」という名前でまとめられていることもありますし、リードと一緒にして木管楽器（woodwind）という名前になっていることもあります。

■シンセサイザー・電子音（シンセ）

シンセサイザーは、一般的には電子的に合成された音を出す機械全般のことを言います。そのため種類もさまざまですし、音色はパラメータの設定しだいでいくらでも作り出すことが可能です。

ここでは、シンセ以外では出すことができないような特徴的な音色について、種類を分けて解説していきたいと思います。既存の楽器をシミュレートした音色については、各項目を改めて参照してください。

◆シンセリード

使用頻度★★★★☆　　難易度★★★☆☆

シンセを使って出す音のうち、派手で芯が太く、音の減衰がはっきりしており（鍵盤を押している間は持続するが、離すとすぐに止む）、メインフレーズを奏でるのに適した一連の音色のことを「シンセリード」と言います。ここでの「リード」は木管楽器のリードではなく、先導するという意味のLeadです。パーティーのリーダーとしてぐいぐい他の仲間を引っ張っていくイメージです。

トランスやEDMなど、ダンスミュージックやクラブ系の音楽全般はもちろん、最近はアイドル系のポップスや高速ロックなどでも多く活躍しています。

リードに限らずシンセに共通して言えることですが、最初は知識のないまま無理に音をいじることなく、あらかじめ音源で定義されている音（プリセット）をそのまま使うほうが、よい結果が出ると思います。何曲か作って何種類かのプリセットを使い込んでみて、少し物足りなさを感じるようになった段階で初めて、ネットでパラメータの意味を調べながら、より理想的な音を求めて試行錯誤してみてください。音作りは非常に奥が深い作業です。

また、音によってはメインだけでなく、低い音域でベースの役割を果たせるものや、曲の後ろでなんとなく物足りなかった音を埋めたりできるものも多くあります。音域や発音の長さをいろいろ変えて、どの音色がパートに合うか試してみるのもいいでしょう。

◆シンセパッド

使用頻度★★★★☆　　難易度★★★☆☆

シンセリードに対して、包む込むような空間的な左右の音の広がりがあり、音の減衰が柔らかく（鍵盤を押してしばらくしてから音が大きくなり、離してからもゆっくりと減衰する）、曲の後ろで鳴らすのに適した一連の音色を「シンセパッド」と呼ぶことがあります。

ダンスミュージックやクラブ系の音楽全般のほか、ポップスでも曲全体を支えるために薄く鳴らしておくことがあり、シンセリード同様に幅広い使い道があります。

◆シンセSE

使用頻度★★☆☆☆　難易度★★☆☆☆

風や雷などの効果音を電子的に再現するものです。録音素材と比べると、柔軟に長さや音程が変えられるのが利点です。

民族調、あるいはエレクトロニカやアンビエントなどで使いどころがあるかもしれません。

◆8bitサウンド

使用頻度★★☆☆☆　難易度★★☆☆☆

電子的に合成できる音の中でも、1980年代に発売された任天堂「ファミリーコンピュータ(ファミコン)」など、初期のテレビゲームでよく使われた電子音のことを「8bitサウンド」、あるいは俗に「ピコピコ音」と称します。

8bitサウンドを中心に作られた音楽を「チップチューン」と言います。強烈な個性がある音ですので、他のどんなジャンルに混ぜても大きく主張します。数小節だけメインフレーズをこの音に変えたりすることで、面白い効果が得られる場合もあります。

【参考】

▼「ファミコン8bitサウンドのフリー音源が64bitに対応だ！」(藤本健のDTMステーション)
https://www.dtmstation.com/archives/51892536.html

5-3　各楽器の打ち込み方

楽器の種類の紹介に続いては、各楽器を打ち込む方法に関する知識について解説していきます。

楽器それぞれに細かいテクニックはあるのですが、ここでは、さまざまな楽器に応用できるやり方を、数パターンに分けて紹介していきます。これにより、「少なくとも、実際の楽器による演奏から大きく外れるような編曲はしない」程度のレベルで打ち込みができることを目指します。

ここで、3-3「コード進行の法則」、3-4「作ったコード進行にメロディを載せる」の内容を思い出してみましょう。次に「ハ長調の場合に曲中で使う7つのコード」の図を再掲します。

●ハ長調の場合に曲中で使う７つのコード（再掲）

◆ハ長調の場合に使うコード（和音）

I	ドミソ
II	レファラ
III	ミソシ
IV	ファラド
V	ソシレ
VI	ラドミ
VII	シレファ

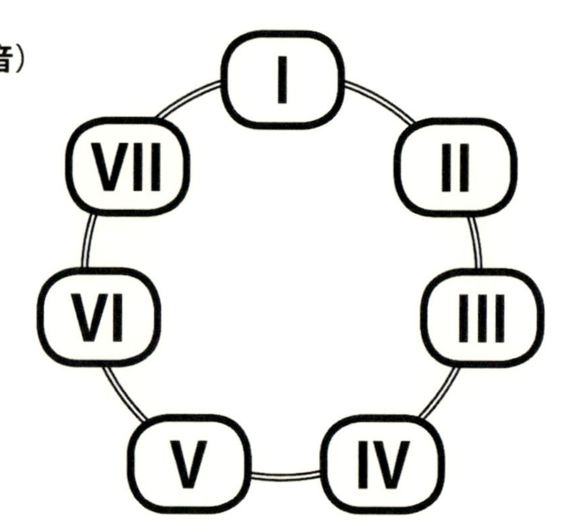

コードを構成している音どうしは調和のとれる音ですので、ここでもコードは非常に重要となります。例えば「ド」から鍵盤2つ飛ばしにしたコード「ドミソ」（Ⅰ）であれば、「ドミソ」のどれかの音を1つ、もしくは重ねて使っている限りは、不協和な響きをすることはありません。

では簡単なパターンから順番に見ていきます。以下はピアノの白い鍵盤だけを使い、「ド」を基音とした一番シンプルなハ長調で考えます。

■打ち込みパターン①　コードのルート音ベタ打ち

一番簡単でわかりやすい打ち込み方法です。ルート音とは、ハ長調の「I」、すなわち「ドミソ」でいうところの「ド」のことを言います。コードの基音となる音です。パターン①は、このルート音だけを単純に鳴らすというもので、特にベースを打ち込む際によく使われます。エレキギターを曲の後ろで鳴らすときにも使います。

主にポップスやロックなどで、8分音符の間隔でベースを敷き詰めて鳴らすことが多くあります。30代以上の方には、「テレビ番組『東京フレンドパーク』の曲名当てクイズで、司会が『まずはベース音だけが流れます』と言うときに流れる音」と言うと連想しやすい方もいらっしゃるかもしれません。

慣れたら単に8分音符を敷き詰めるだけでなく、2分音符や4分音符も使ってメリハリをつけてみましょう。ヒップホップなど、曲のテンポが遅めの場合は16分音符も使います。この手のジャンルで格好良いと思わせる曲には、ほぼ間違いなく16分音符を効果的に含むベースが展開されているはずです。よく曲を聴いて観察してみましょう。

応用として、主にトランスやEDMなどのダンスミュージックのベースでは、ルート音と、その1オクターブ上のルート音（例えば「ド」と「高いド」）を8分音符の間隔で交互に鳴らすというパターンが多用されています。試しに数小節打ち込んで再生するだけで、かなりそれっぽく聴こえるようになります。

後述する「アルペジオ」や通常のメロディと組み合わせると、さらに高度で自然なフレーズも作ることができます。

■打ち込みパターン②　アルペジオ（コードの弾き崩し）

4分音符や8分音符、16分音符ごとに、コードを構成している音の中から選んだ音を上げ下げしながら展開していくこと、また、そうして作られたメロディのことを「アルペジオ」と言います。基本的なパターンとしては、下の例のようなものが挙げられます。

◆例1：8分音符の長さで「ド→ミ→ソ→高いド→高いミ→高いド→ソ→ミ」

イントロやAメロなどで、アコギやピアノなどを打ち込む際に登場することが多いです。弾き語りっぽい雰囲気が出ます。

ここでは基本パターンとして「メロディが上がって下がる」というものを提示していますが、「下がって上がる」「上がりっぱなしで最後の2音だけ下がる」など、いろいろなバリエーションが考えられます。また、必ずしも「ド」から1つ上の「ミ」へ上がる必要はなく、「ソ」や「高いド」にいきなり上がっても大丈夫です。

ボーカルのメロディや他の楽器との兼ね合いなどを考えて、一番心地よく聴こえるパターンを探してみましょう。

◆例2：16分音符の長さで「ド→ミ→ソ→高いド」を4回繰り返す

これはシンセサイザーの打ち込みなどでよく使います。この基本パターンを少し入れ替えたり、繰り返しの例えば3回目だけのパターンを変化させたり、一部の音だけを8分音符の長さに変えてみたり……という感じで、いくらでも応用パターンとなるメロディを作ることができます。

ダンスミュージックなどのイントロでメインフレーズとして流したり、サビでボーカルの後ろで鳴っていたり、ポップスのオケの後ろで隠し味程度に小さい音量で鳴っていたりと、非常に応用範囲が広いです。少しオケが寂しいと感じた場合は、迷わず試す価値はあると思います。

■打ち込みパターン③　ボイシング（コードの構成音を重ねる）

ハ長調の「I」であれば、「ドミソ」から複数の音を選んで同時に演奏します。ストリングスやシンセパッドなど、曲の後ろで空気感を出したいものは全音符などのゆったりとした間隔で鳴らし、ピアノやシンセリードなど少し前に来る楽器は、もっと短い間隔で鳴らすことが多くあります。

◆例1：コードのルート音と、3番目の音を重ねる（2和音）

エレキギターの項目のところで説明した「パワーコード」がこれです。ハ長調の「I」であれば、「ド」と「ソ」を重ねます。曲の後ろで鳴らすにも、メインのフレーズを奏でるにも向いている汎用性の広い手法です。

パターン①のベタ打ちと取り混ぜて使うことで、音にメリハリをつけることができます。エレキギター以外では、シンセリードに使うこともあります。

◆例2：コードの構成音のうち、隣り合った音を重ねる（3和音±α）

素直に「ドミソ」の3つをそのまま重ねたり、ローテーションして「ミ・ソ・高いド」「ソ・高いド・高いミ」のようにしたり、あるいは「ド・ミ・ソ・高いド」など4つ以上重ねます。

基本的に、重ねれば重ねるほど厚みは増しますが、音域が固まっているので、あまり重ねすぎると音が濁ったり、耳に痛い感じになることもあります。

◆例3：コードの構成音のうち、少し離れた音を重ねる（3和音±α）

応用パターンです。ひとつ間隔を空けて、「ド・ソ・高いミ」のようにしたり、「ド・高いミ・さらに高いソ」のように1オクターブ分を追加した間隔を空けたり、あるいは「ミ・高いド・高いミ」のように強調したい音をオクターブで重ねつつも全体として厚みを出す、といった感じでたくさんの重ね方が考えられます。

ストリングスやブラス隊では、これらの音を次のように分解して、構成している各楽器に担わせるのもいいでしょう。

・**ストリングス：**「バイオリン→高いミ、ビオラ→ソ、チェロ→ド」
・**ブラス＋リード：**「トランペット→高いミ、アルトサックス→高いド、トロンボーン→ミ」

■打ち込みパターン④　既存メロディを利用して、新しいメロディを作る

パターン①～③は、ボーカルが歌うメインメロディのことをあまり考えずに作ることができるパターンでした。ここからは、メインメロディなど、他の楽器パートに影響を受ける打ち込みパターンになるため、少し難易度が上がります。

「楽器の一覧」としては紹介していませんでしたが、メインボーカルのメロディに対するコーラス用のメロディを作るのに、よくこの方法が使われます。また多くの場合、メインメロディに寄り添うストリングスや、メインメロディに連動するベースなども、このパターンで新たにメロディが起こされます。

◆例1：既存メロディと同じメロディをつける

一番楽なパターンです。いわゆるユニゾンです。既存のメロディと同じ音程を違う楽器でも同時に奏でることで、音の厚みが増します。最後の大サビなど、ボーカルのメロディを全力で盛り上げたいときなどに使います。

◆例2：既存メロディよりも、1オクターブ低い（高い）メロディをつける

例1のパターンだけでは音域がかぶって汚い音に聴こえる場合があるため、メロディが「ド」であれば、「低いド」や「高いド」をつけることがあります。ボーカルの1オクターブ上にバイオリン、1オクターブ下に単音ギター、2オクターブ下にベース、という具合です。

また、イントロに使うシンセの音が薄っぺらいと感じた場合は、音量を少し下げて1オクターブ下の音色を同時に鳴らすことで、厚みが出る場合があります。

◆例3：既存メロディよりも、ある一定の音程だけ低い（高い）メロディをつける

オクターブ違いではなくても、自然に聴こえるパターンはあります。コーラスをつける際に定番とされているのが、既存メロディの「2個下（上）」もしくは「5個下（上）」のメロディをつけるという方法です。ハ長調における「ド」であれば、「低いミ」(-5)、「低いラ」(-2)、「ミ」(+2)、「ラ」(+5) などが該当します。

「サビのメロディを全部コピーして2個下にシフトし、違和感を覚えたところだけを5個下に変える」というやり方で、かなり短時間の間に簡易的なコーラスを作ることができます。

◆例4：既存メロディのスキマに、合いの手のような形でメロディをつける

メインボーカルのメロディが息継ぎなどで途切れる場所や、逆に長く伸ばしていて変化が少ないところに、メインメロディをずらしてコピーしてきたり、あるいはコードに沿ってまった

く新しいメロディを作ってねじ込む方法です。

いわゆる「追っかけコーラス」を作ったり、ブラスやストリングス、シンセを高速で動かして印象付けたりします。それぞれに分かりやすい例を挙げると、前者はAKB48「ヘビーローテーション」のサビの入り、後者は東方アレンジ楽曲「魔理沙は大変なものを盗んでいきました」のサビ後半にあたります。メロディが短いわりに曲の印象がかなり変わるので、作り手のセンスが問われる場所です。

例3と例4を組み合わせたり、例3で2個下のメロディから5個下のものへつなぐために、あえて2個下または5個下のパターンを外して、経過音（3-4「作ったコード進行にメロディを載せる」参照）を使うといった応用もあります。

ここを厳密に言い出すと音楽理論で言うところの「対位法」の解説になるようですが、筆者も全容がわかっていない部分ですので、ここで深入りするのは避けておきます。興味がある方は6-8「DTM活動に役立つサイトの紹介」で紹介している、音楽理論が書いてあるサイトをたどってみてください。たいへん奥が深いものです。

【参考】

▼こたつP氏「2声のVOCALOIDのためのれんしゅうきょく その1」（ニコニコ動画）

https://www.nicovideo.jp/watch/sm6932418

「こたつP」氏の制作による、対位法のお手本のようなボカロオリジナル曲です。耳コピしてみるとすごく勉強になると思います。

▼菩薩P氏「中級者のための編曲講座」（ニコニコ動画）

https://www.nicovideo.jp/watch/sm4132123

初心者向けDTM講座動画が有名な「菩薩P」氏による、コーラス・伴奏作りを解説した動画です。

■ドラムスの打ち込みパターン

ここまでは、メロディが存在するドラムス以外の楽器についての打ち込みパターンをいくつか紹介してきましたが、最後にドラムスの打ち込みパターンについても触れたいと思います。

ドラムスの打ち込みについて理解するには、まずドラムスを構成する各ドラムの種類を理解する必要があります。さまざまな種類がありますが、まず打ち込みを行うにあたって必ず登場するものに絞って説明します。

① **バスドラム：**大太鼓です。「ドッ」という低い音を、ペダルを踏んで鳴らします。
② **スネア：**小太鼓です。「タン」という太く鋭い音で、よく2拍目と4拍目に鳴っている音です。
③ **シンバル：**「シャーン」という長く高い金属音、8小節ひとかたまりの冒頭でよく鳴らされ

ます。

④ **ハイハット：**「チッチッチッ」という高い金属音が特徴です。音量は低めですがリズムを支えます。
2枚のシンバルを上下に合わせた構造をしていて、バスドラムとは違うペダルを踏むことによってその距離を調節します。2枚のシンバルをくっつけた状態で叩くと短い音が出て、離した状態で叩くと長い音が出ます。前者が「クローズドハイハット」、後者が「オープンハイハット」です。また、ペダルを踏むこと自体でも音を出せます（ペダルハイハット）が、最初はあまり考えなくてもかまいません。

⑤ **タム：**曲の決め時で「ダダダダドドドド」みたいに連打するアレです。複数の音程の違う太鼓の集まりです。

音源によっても微妙に違うことがありますが、多くの場合、ドラムの各音階は次の図のように対応しています。

●ドラムス打ち込みにおける各音階の対応

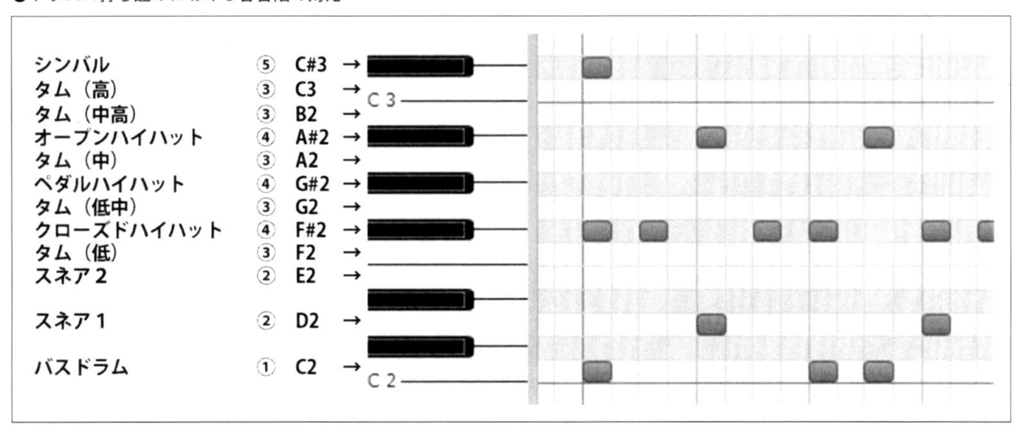

さて具体的な打ち込みパターンですが、最初は大きな「型」となる2つのみを覚えれば大丈夫です。

まずは一般的なロックやポップスで多く見られる「8ビート（エイトビート）」です。

●ドラムス打ち込みパターン「8ビート」

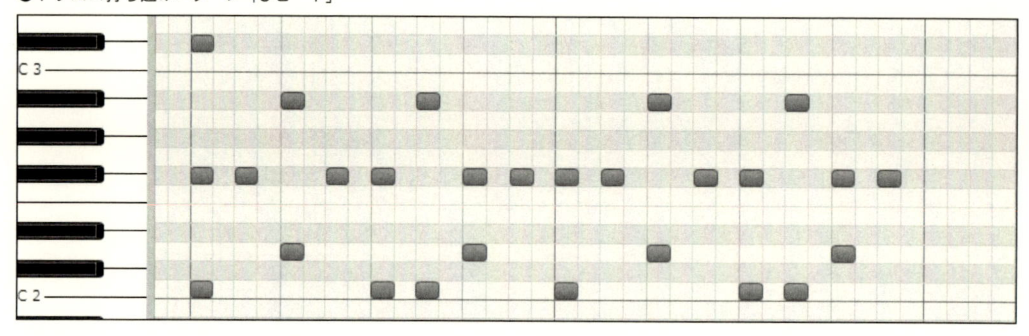

使っているドラムの種類は、バスドラム、スネア、クローズドハイハット、オープンハイハット、シンバルの5種類です。ハイハット（クローズド&オープン）が8分音符単位でビートを刻んでいます。シンバルは最初に1回だけ。2拍目&4拍目にスネアを叩き、1拍目&3拍目などのスネアが叩かれていない場所でバスドラムを鳴らします。

まずはこれをDAW上に試しに打ち込んでみて、音量が自然に聴こえるように調整してみてください。慣れたら、クローズドハイハットとオープンハイハットの鳴らす場所を交換したり、バスドラムを8分音符前や後ろにずらしたりしてみましょう。印象が違って聴こえるはずです。

ロック楽曲のサビなどでは、ハイハットを8分音符で敷き詰める代わりに、オープンハイハットを4分音符間隔で表拍で鳴らすというパターンを採用することもあります。

もうひとつの頻繁に使うパターンが「4つ打ち」です。これは、とりわけダンスポップや、EDM・トランスなどのクラブ系音楽でよく使われます。ボカロ曲では、「みくみくにしてあげる♪」(sm1097445) や、「ココロ」(sm2500648) などが4つ打ちの代表作でしょうか。

●ドラムス打ち込みパターン「4つ打ち」

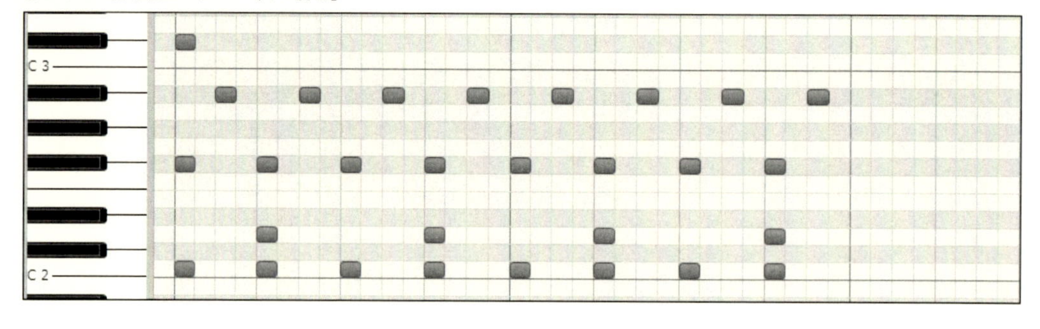

特徴は、バスドラムが4分音符間隔で規則正しく鳴っていることと、裏拍でオープンハイハットが鳴らされていることです。スネアやシンバルは、基本的には8ビートと変わりません。

「サマータイムレコード」(sm21737751) では、バスドラムのパターンが多彩に変化した8ビートを聴けるほか、Bメロには4つ打ちに近いパターンも確認できます。ドラムの音が比較的大きい曲ですからよく観察してみましょう。

その他、ヒップホップやR&B、フュージョンなどでよく使われる「16ビート」などはポピュラーなパターンのひとつです。またジャズではスウィングするビートだったり、メタルではバスドラムを16分音符間隔で敷き詰めるなど、音楽ジャンルによってもさまざまなパターンがありますが、まずは上の2つが基本となる型ですから、これを使って何曲か作ってみましょう。

打ち込みでパターンを調整する際の注意点として、人間の手と足は基本的には2本ずつしかないので、手が3本必要な鳴らし方を作ってしまうと、時に若干不自然な響きになるということがあります。足を使うのがバスドラムとペダルハイハットで、他はすべて手を使います。動画サイトなどでドラムスの「演奏してみた」動画などを、手の動かし方などを観察しながら見ると参考になるかもしれません。

また、私自身がリズムパターンをつかむのに一番お世話になったのが、ゲームセンターに設置してあるコナミの音楽ゲーム「drummania（GITADORA）」です。

数年前から叩く場所やペダルが増えて大型化した機種がメインになり、難易度が上がったため、気軽に手を出すには少しハードルが高くなってしまいましたが、現在でも少なくとも本物のドラムをやるよりは、ドラムのリズムを体で身につけるためにはコストも安く近道であることは確かです。

このゲームで流れてくる譜面はどちらかというと、音楽制作ソフトでいうところのピアノロールに似ているため、楽譜（ドラム譜）が読めなくても直感で理解しやすいと思います。「ドラムマニア　譜面」などで検索すると、ゲーム上の譜面を掲載しているサイトや、プレイ動画が少なからずヒットします。

このゲームにはJ-POPや邦楽ロックなどの版権曲や、「夜咄ディセイブ」（sm20116702）、「セツナトリップ」（sm17720979）などのボカロ曲も入っているので、知っている曲のリズムパターンをつかむのに非常に参考になるのではないでしょうか。

5-4　VOCALOID調声のしかた

■調声の流れを、順を追って説明

本書は特にボカロ曲制作を目標に書いている本ですが、ようやくここでVOCALOIDの調声（調教）について書くことができます。

VOCALOIDの調声テクニックとは、編曲における「楽器ごとの打ち込み方の特徴に関する知識」に該当する、作詞と作曲について理解したうえでの一歩進んだ知識であると考えていますので、ここで登場することとなりました。

パラメータ自体の役割の説明などはネットや本を探せばかなり多くの情報が見つかるように思いますので、ここでは音楽制作の中のVOCALOID調声という過程において、ボカロPがどんな流れで作業をしているかことを、筆者を実例に説明していきたいと思います。

実際のところ、Pによってもやり方は本当にさまざまだと思います。これを参考に曲をいくつか制作していく中で、各自より自分に合った方法を見つけ、最終的に自分なりの調声方法を確立するところまでステップアップを目指してみてください。

●調声作業の大まかな流れ

VOCALOIDの調声の流れ

（1）メロディ読み込み、仮歌詞流し込み
（2）歌い方の設定
（3） PBSの設定
（4）歌詞の入力
（5）ノートの調整
（6）パラメータの調整（全体）
（7）パラメータの調整（ピンポイント）

■調声作業を開始する、その前に……

◆メロディ読み込み、仮歌詞流し込み

VOCALOIDエディタ（「VOCALOID5」または「Piapro Studio」）で何もないところからメロディの打ち込みを始めるという方もいらっしゃるかもしれませんが、個人的にはあまりおすすめしていません。

私は、オリジナル曲はもちろん、カバー曲でメロディを耳コピする場合でも、まずDAW上でいったんシンセサイザーやフルートなどの、動作が軽くて使い慣れている音源を使い、メロディラインを打ち込む方法を推奨しています。

この音源は表には出さないものですから、フリーソフトやDAW付属の音源などで全然かまいません。

そうしてメロディラインが無事に完成したら、作った楽曲をいわゆる「楽譜」形式であるスタンダードMIDIファイル（拡張子は「.mid」）で書き出します。この機能は、無料のものを含むほぼすべてのDAWにあるはずです。

ここでようやくVOCALOID エディタを立ち上げて、作ったMIDIファイルをインポートして、該当するメロディの読み込みを行います。

テンポ（BPM）を適切な値に設定し（3-1「作曲の基本」の中の「曲のテンポの決め方」を参照）、歌手を選択したのち、いったん仮の歌詞を流し込みます。具体的には、歌詞をすべて「ら」などの言葉で埋めます。「あいうえお」だと母音しかなく全部がつながって聴こえるので、「ら」など他の段の言葉を使うのがおすすめです。

◆DAWとの連携確認

この段階でDAWと連携して、発声できることを確認します。使い慣れたDAWでボーカルにエフェクターをかけて、オケと合わせたものを聴きながら作業できるのとそうでないのでは、作業効率が大違いです。

連携再生が確認できたら、前の曲で使ったものと同じエフェクターを、同じ設定値でとりあえずボカロの声にかけてしまいましょう。これらの設定値は、今後の作業の中で随時微調整していきます。

◆歌い方の設定

まずは設定メニューから、歌い方の設定を行います。すでに他の曲で設定している場合も一応確認します。

ここは「Piapro Studio」と「VOCALOID5」で操作方法が異なります。まずは「Piapro Studio」の場合を説明いたします。

●歌唱スタイル設定（画面は「Piapro Studio」）

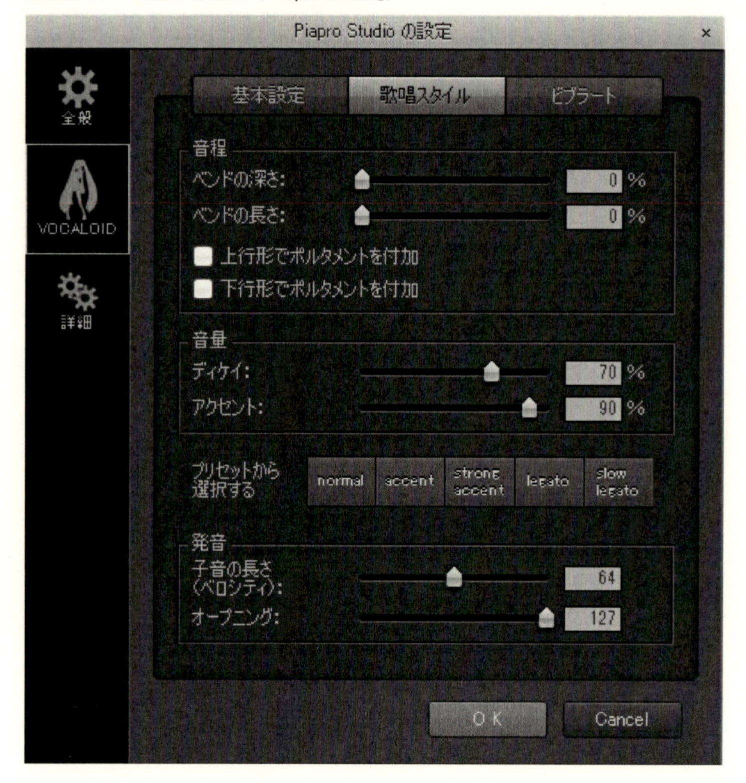

「設定」→「Piapro Studioの設定」→「VOCALOID」→「歌唱スタイル」と進んだ画面がこちらです。

「ベンドの深さ」は発声の最初にどれだけ深く「しゃくり」を行うかの設定です。大きすぎるとわざとらしい歌い方になりますが、小さすぎてもあっさりしすぎます。多くの場合、8〜12%あたりに設定すると、何もいじらなくても自然な歌い方になりますが、後から手動でしゃくりを入れる場合はあえてゼロに設定することもあります。

「ベンドの長さ」は、「深さ」の設定に違和感があるときの補完程度の役割だと考えてもよいと思います。普通はゼロでかまいません。

「ポルタメントを付加」は、バラードなどのゆったりした曲で「上行形」にチェックするといい効果をもたらす場合もあります。

「ディケイ」と「アクセント」は高めに設定しています。ディケイを上げると発声が減衰しやすく、アクセントを上げると声の立ち上がりが強くなります。「前の言葉の終わりが弱くて、次の言葉の立ち上がりが強い」ということは、「声がハキハキして聴こえる」ということを意味します。アクセントは100%に近くてもよいかもしれません。

「子音の長さ（ベロシティ）」は、初期値の64から少し下げるとハキハキした歌い方になることもあります。「オープニング」は普通初期値の127ですが、ささやく歌い方をさせたい場合は下げることもあります。

次に、「VOCALOID5」の場合です。

●STYLE設定（画面は「VOCALOID5」）

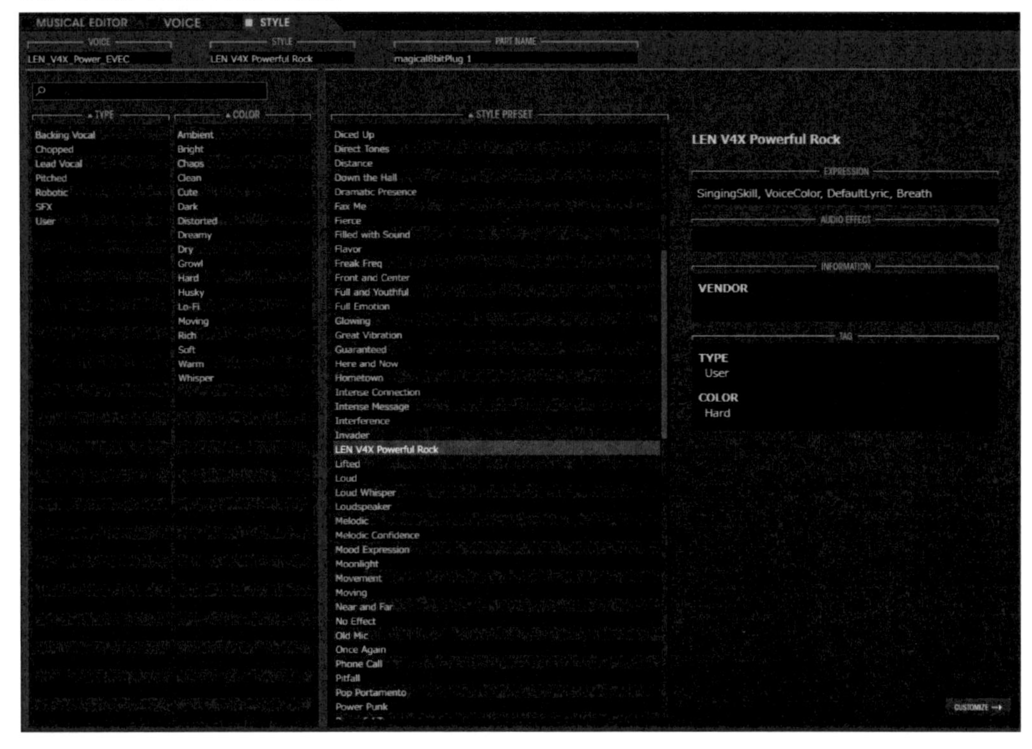

●STYLEの詳細設定（画面は「VOCALOID5」）

「VOCALOID5」の場合は「STYLE」の設定画面で、「STYLE PRESET」の中から好みのものを選ぶことで、自動的に歌い方がざっくりと設定できます。またこのとき、VOCALOID5が自前で用意している内蔵エフェクターも自動的に適用され、DAW側で別途エフェクターを用

意しなくてもある程度ミックスまで完結できる仕組みとなっています（ミックスの詳細は、次節5-5「ミックス、マスタリングとは何か」をご覧ください）。

微調整したい場合は右下のボタンから詳細画面に入れるので、ここで歌唱ジャンルや歌の上手さ（パラメータ「SKILL」）、ロボットボイスや息継ぎの有無などを設定できます。また、内蔵エフェクターの種類の追加・変更・削除やパラメータの変更も可能です。

「Piapro Studio」を含むVOCALOID4までのVOCALOIDエディタがパーセンテージなどの細かい数字で指定するのに対し、「R&Bっぽいソウルフルな歌い方で、上手さは10段階の6くらい」という直感的な指定を行うようにしたのがVOCALOID5の特徴です。

◆Pitch Bend Sensitivity（PBS）の設定

VOCALOIDエディタでは、ピアノロールの下側でいくつかのパラメータをグラフのように設定できる画面があります。

このうちの「Pitch Bend Sensitivity」（PBS）について、初期値では「2」となっていますが、これを手動で「12」に設定しなおすことをおすすめします。こうすることで、「Pitch Bend」（PIT）を最大限まで変更したときの音程（ピッチ）の変化量が、半音12個分＝1オクターブになります。Pitch Bendを操作した声の裏返りなどがやりやすくなるので、とりあえず最初に設定を変更する癖をつけておくといいと思います。

●「Pitch Bend Sensitivity」を12に設定する（画面は「Piapro Studio」）

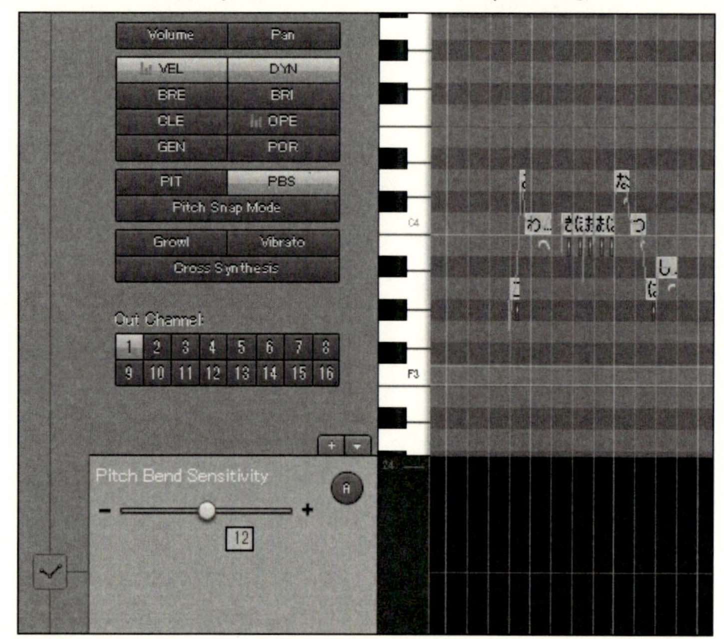

■歌詞の入力、ノート（音符）の調整

◆歌詞の入力（場合によっては作詞）

次に、歌詞を入力する作業に入ります。カバー曲の場合は、原曲のメロディ通りに歌うように確認しながら少しずつ流し込みを行っていきます。

歌詞で「○○は～」となっている「は」を「わ」と打ち込んだり、「△△へ行く」の「へ」を「え」と打ち込むなど、リアルに歌わせるためには少し工夫も必要です。

メロディを歌詞よりも先に作ったオリジナル曲の場合は、ここで同時に作詞をやることもあります。エディタを開きながら作詞することで、思いついた歌詞をすぐにその場で歌わせながら検討することができます。場合によってはどうしてもつながりの悪い言葉が出てきて、歌詞のほうを変えてしまうこともあります。

また、歌詞の譜割りは、聴きやすさにかなり影響を与えます。例えばメロディが「4音＋4音」のような塊になっているときに、「5文字＋3文字」で切れるような単語を歌詞にねじ込んでしまうと、全体の文字数は合っていても不自然に聴こえる場合があるというわけです。言葉を工夫して「4文字＋4文字」に収めるか、逆にノートの長さを伸縮してメロディの切れ方を「5音＋3音」に変更するなど、雰囲気に応じて臨機応変に対応します。

◆ノート（音符）の調整

細かいパラメータの変更に手を出す前に、ノート（音符）の編集でできることがあります。

実際のところ、「聴きやすい歌声」をかたちづくる部分の多くは、パラメータを編集する段階以前に、「歌詞の作り方」と「発声の長さの調整」で決まってしまうということを感じています。

少し発声が先走っている（遅れている）場合は、16～32分音符だけ後ろ（前）にノートをずらしてみましょう。また、声がつながりすぎていて平坦に聴こえる場合は、単語の切れ目にあたるノートを短くしてメリハリをつけるというやり方もあります。

VOCALOIDの仕様上どうしても、「少しノートを短くしても相変わらず発声はつながったままで、もっと短くするといきなり短く切れる」という挙動を示すことがあります。そんなときになってようやくパラメータを調整することになります（後述の「Dynamics（DYN）の調整」を参照）。

コーラスのメロディがある場合は、メインになるメロディの編集が終わったあとに歌詞を流し込んでいきます。この際、メインのほうのノートに対して行った微調整を、コーラスのほうにも適用していきます。

■パラメータの調整（全体）

ノートの調整によって、それなりにハキハキ聴こえるようになったと感じたら、次の段階と

してようやくパラメータに手を出していきます。この段階で、一度「名前をつけて保存」を実行して、(現在の状態をバックアップしてから) 新しいファイルとして操作を始めたほうがよいかもしれません。万が一パラメータをいじりすぎてよくわからなくなった場合に、前の段階から作業をやり直せる“保険”をかけておくと安心です。

パラメータには多くの種類がありますが、その中には、細かく変化させなくても、一定の値に設定するだけで大きく歌の印象を変える効果を持っている、初心者にとって扱いやすいものが2種類あります。まずはそれを他のパラメータよりも優先して調整するとよいでしょう。それは、「Gender Factor (GEN) ／Character」と「Brightness (BRI)」です。

◆Gender Factor (GEN) ／Characterの調整

Piapro Studioでは「Gender Factor」、VOCALOID5では「Character」という名前のパラメータを操作すると声質が変わり、野太い男性的な声や子供っぽい声に仕上げることができます。

デフォルト値は64ですが、個人的な印象では、ほとんどのボカロがデフォルトよりも若干子供っぽく設定する (「Gender Factor」は下げると子供っぽく、「Character」は上げると子供っぽくなります) ことによって、印象をあまり変えないままに声の通りを良くすることができます。

◆Brightness (BRI) の調整

Brightness (BRI) を上げると力強くシャウト気味に、下げるとぼそぼそと歌います。デフォルト値は64です。少し上下させるだけでも効果がはっきりとわかるので、ぜひ試してみましょう。

例えばロックなどを歌わせる場合に、1曲の中で「Aメロ＝64〜72くらい、Bメロ＝80くらい、サビ＝100〜127くらい」のように設定すると、徐々に歌唱が激しくなる効果を得られると思います。使用するVOCALOID音源によっては上げすぎると力強さの代償として声がガサつくかもしれないので、そう感じた時は少し値を下げてみてください。

■パラメータの調整 (ピンポイント)

慣れないうちは、これまで調整した以外のパラメータは**「基本的には全てピンポイントで調整するもの」**と考えてしまってかまいません。その中でもひときわ効果が分かりやすく、優先して操作すべきなのが「Dynamics (DYN)」、次に「Pitch Bend (PIT)」です。

◆Dynamics (DYN) の調整

Dynamics (DYN) は、声量 (音量) を制御するパラメータです。Brightnessと違い、歌い方は変わりません。つまり一般的なDAWでいうところのボリュームやベロシティ (ここはややこしいですが……) の調整に該当します。

「ノートの調整」のところで調整しきれなかった声のつながりを切るために使ったり、「なんとなく周囲に比べるとこの1文字だけ発声が弱いなあ」と感じたところのDynamicsを、ピンポイントで上げたりします。サビの歌い終わりなどの、長く伸ばす声の減衰具合を制御するときにカーブを描くこともあります。

●Dynamics設定の一例（画面は「Piapro Studio」）

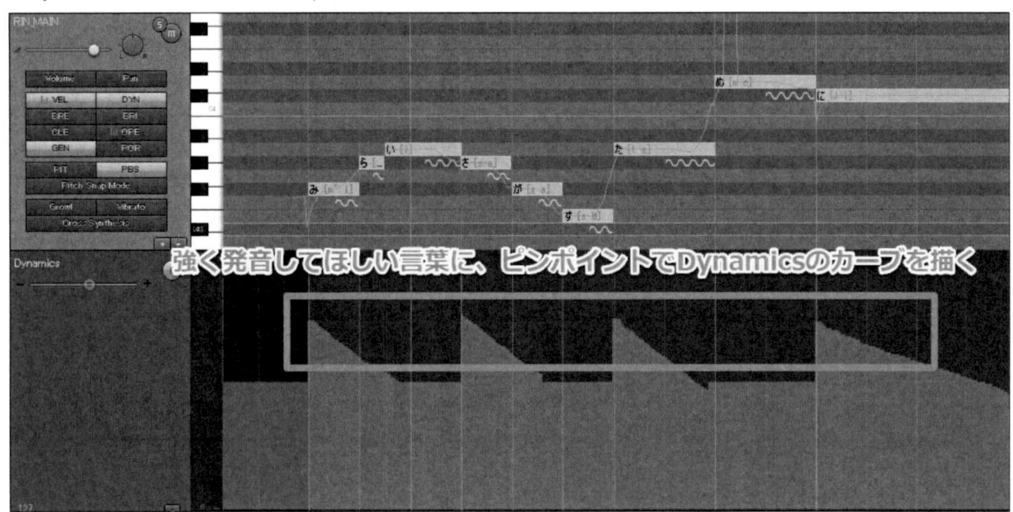

◆Pitch Bend（PIT）の調整

「Pitch Bend」（PIT）は、デフォルト値の0から上下させることで音程を変化させられるパラメータです。半音以下の微妙な音程の変化を表現するために使います。

Pitch Bend Sensitivityの項目で説明した「声の裏返り」は、発声の冒頭などに瞬間的にPitch Bendを次の図のように描くことで得られます。

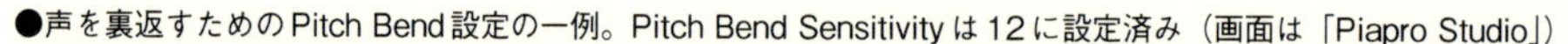

●声を裏返すためのPitch Bend設定の一例。Pitch Bend Sensitivityは12に設定済み（画面は「Piapro Studio」）

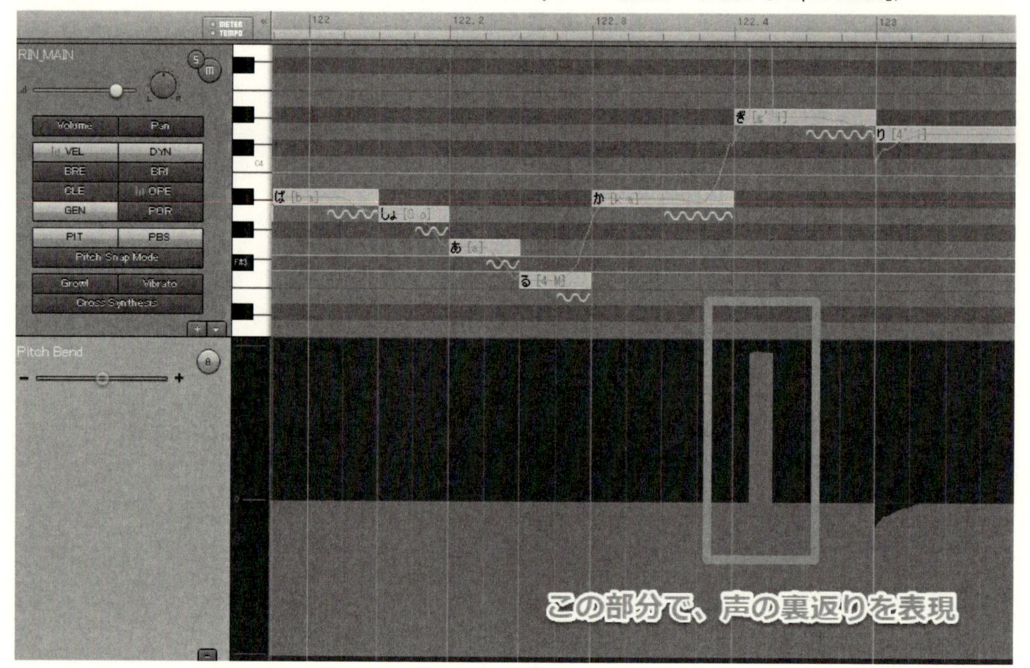

■パラメータ調整（その他）

このあたりの調整まで一通り終えると、だいぶ満足のいく（少なくとも不自然には聴こえない）ような発声は得られると思いますが、その他のパラメータも、よりリアルな声に挑戦するために、慣れてきたら操作してみましょう。以下は筆者が個人的によく操作するパラメータです。

◆Velocity（VEL）

VOCALOIDエディタにおけるVelocityは、音量を変えるものではありません。上げると直前の言葉とのつなぎが滑らかになり、下げると“ぶつ切り”になる代わりに、カ行、サ行、タ行、ハ行などをはっきり発音するようになります。

◆Growl

「Growl」は、“がなり声”を表現します。初期値はゼロですが、表現したい部分にピンポイントで値を上げることで、非常に印象的な声を作ることができます。

◆Portamento Timing（POR）

Portamento Timing（POR）は、ふたつのノートをまたぐように直線を引いて設定します。上げると前のノートの音程から後ろのノートの音程への移動が遅れるという効果を持ち、そのためバラードなどを人間らしく歌い上げるような効果が出ます。

■VOCALOID5のATTACK / RELEASE EFFECTを使う

VOCALOID5では新たに「ATTACK / RELEASE EFFECT」という機能が登場し、Pitch BendやDynamicsといったパラメータを手動で操作しなくても、各ノートに「プリセットから歌い方を選ぶ」＋「適用量をどれくらいにするかツマミで調整する」という簡単操作でピンポイントの歌い方の調整ができるようになりました。初心者にとっては、自分のイメージ通りに歌わせるための道のりがより楽になったといえます。

声の出だしに適用できるのが「ATTACK」、声の終わりに適用できるのが「RELEASE」です。

●ATTACK / RELEASE EFFECT（画面は「VOCALOID5」）

例えば、テンポが速くてパワーが必要な曲の場合は、「ATTACK EFFECT」の「Accent3」をサビの強調したい言葉に適用するとかなり力強さが出ます。

ただし操作が簡単なぶん小回りは効かないので、どうしても納得がいかない場合はPitch BendやDynamicsなどの手動調整を併用することになります。

5-5　ミックス、マスタリングとは何か

■ミックスの概要

各種の楽器を使った編曲と、VOCALOIDの調声を見てきました。ここまで来たら、何種類かの楽器演奏トラックと、ボーカルトラックが完成したことになります。

このままでも曲としては十分成立するのですが、さらに聴きやすい曲を目指すために、「ミックス」（ミキシング、ミックスダウン）という作業が必要になってきます。音楽業界においてはミックスを行うエンジニアが職業として成立するような非常に奥の深い世界ではありますが、最初はDAW上での簡単な操作から始めて、少しずつステップアップしていくようにしたいところです。

◆ミックス作業①　音量の調節

各トラックの音量を細かく調節して、全体で音割れせず、かつ主張させたい音を主張させ、後ろで鳴っていてほしい音を奥に引っ込める作業です。

よくある失敗のパターンとして「全部の音を主張させてしまい、ゴチャゴチャした感じになってしまった」というものがあります。せっかく作った各トラックですから全部聴かせたいというお気持ちは非常に分かるのですが、それでは「子供全員がシンデレラのお遊戯会」状態になってしまいます。主役はこの子だ！と思ったら、残りの楽器は親御さん（各トラックを作った自分）の反対を押し切って、主役を引き立てる脇役にしましょう。

◆ミックス作業②　左右バランスの調節

音量の調整だけではどうにもゴチャゴチャしているという場合は、一部の楽器を思いっきり左または右から鳴るようにするなど、左右バランスの調節を行う（「パンを振る」という表現をよく使います）とスッキリするときがあります。

多くの場合、ドラムスのうちのハイハットやシンバル、ギターソロではないときのギターの音や、アルペジオを奏でているシンセサイザー、コーラスなどが、左右に配置されます。脇道にそれて、主役の通り道を開けているイメージです。

逆に、できれば真ん中にいてほしいと思う楽器は、ドラムスのうちのバスドラムとスネア、ベース、シンセパッド、加えてメインボーカルです。

応用として、同じトラックを複製して、それぞれを左と右に振り分けて配置すると、真ん中から鳴っている感じは変えずにそのまま左右に広がった音にすることができます。この手法には、ステレオよりモノラルのトラックのほうが効果的です。

◆ミックス作業③　エフェクターの適用

エフェクターを適用することは、初心者の方にとっては「音量や左右バランスを調節したけど、それでもなんとなく音がこもって聴こえる、あるいはケンカしているように聴こえる」際に、一歩を踏み出す世界となります。

「耳に痛い高音だけをカットする」「ばらつきの大きい音量を平らに“ならす”」というような、単なる音量や左右バランスの調整では対応できない問題を解決するために使います。

ひとくちにエフェクターと言ってもその種類は数多く存在しますが、まずは使用頻度の特に高い以下の5種類を覚えれば、一通り音を操れるようになると思います。実際のエフェクターソフトの画像を交えて1つずつ紹介します。

■ミックスで使う主なエフェクターの簡単な解説

◆EQ

「EQ」はイコライザー（Equalizer）とも呼ばれ、英語での本来の意味は「均一にするもの」です。

これは、音の大きさを変えられるエフェクターです。具体的には、鳴っている音全体のうち、低音部分だけ、あるいは高音部分だけの音量を上下したりできます。イコライザーという名前は、出すぎた低音や足りない高音などを直して均一にするという意味です。

EQはパソコン用・スマートフォン用の音楽アプリにも搭載されていることが多いので、なじみのある方もいらっしゃるかもしれません。

DAWでよく使われるEQには、大きく分けて2種類あります。「グラフィック・イコライザー」はWMP（Windows Media Player）やiTunesのイコライザーと同じような、普段なじみのあるタイプで、「パラメトリック・イコライザー」が普段なじみのないDTMならではのタイプです。

パラメトリック・イコライザーは、「どの音域を中心として（フリケンシー）」「どれくらいの範囲を（Q値）」「どれだけ上下するのか（ゲイン）」という3つのパラメータを操作することで音量を変えるタイプのEQです。うまくパラメータを設定できれば、グラフィック・イコライザーより細かく柔軟に音を変えられる上級者向けのタイプです。

EQは無料DAWを含む多くのDAWに標準搭載されています。

●グラフィック・イコライザーの例（LinearPhaseGraphicEQ 2）

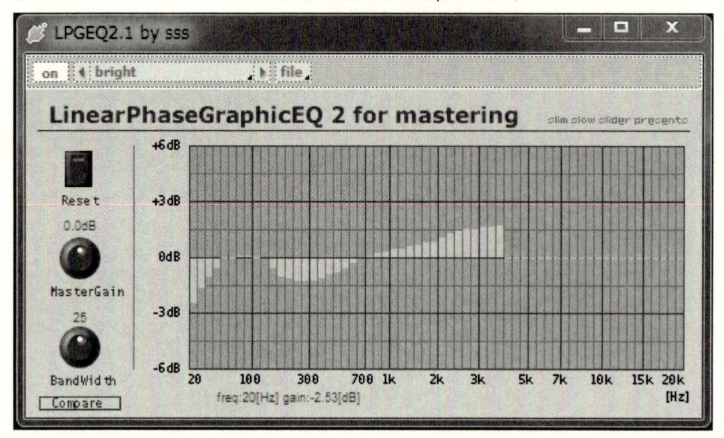

●パラメトリック・イコライザーの例（Sonitus:fx equalizer）

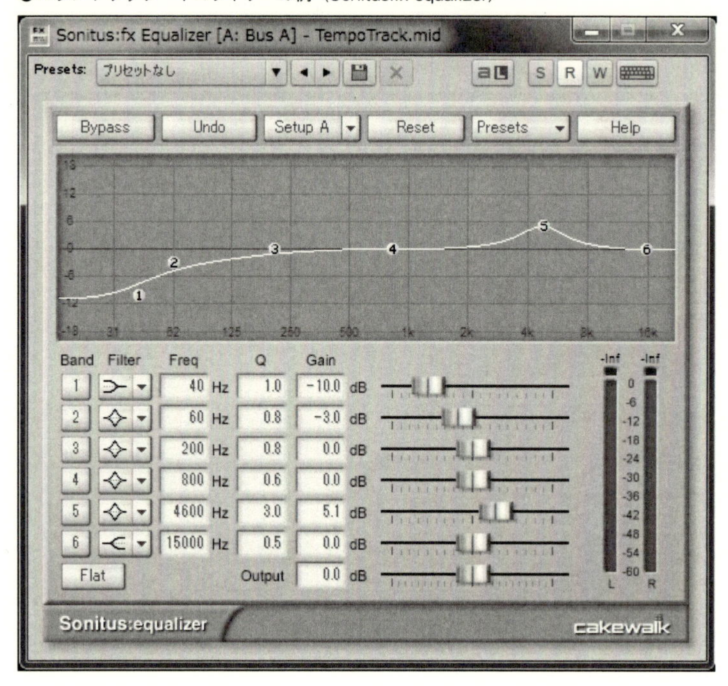

◆コンプレッサー

「コンプレッサー」(Compressor、通称「コンプ」) も音の大きさを変えられるエフェクターです。英語での本来の意味は「圧縮するもの」です。

コンプレッサーの働きを一言でいうと、「出る杭を打つ」エフェクターです。演奏中、一定の音量よりも大きくなっている音を圧縮して、全体を平坦に“ならす”役割を持っています。コンプレッサーで操作するパラメータは、一般的には次の5種類です。

・**スレッショルド：**「一定の音量よりも大きく〜」の「一定の音量」をどこにするか決める。
・**レシオ：**杭を打つ強さを比率で決める。例えば「10：1」であれば、スレッショルドの5倍大きい（＝4倍スレッショルドを超えた）音を、1.4倍（＝0.4倍スレッショルドを超えた音量）まで圧縮する。
・**アタック：**一定の音量を超えたときの、杭を打つ反応速度の速さを決める。
・**リリース：**一定の音量以下になったときの、杭打ちをやめる反応速度の速さを決める。
・**ゲイン：**全体の音量を上げる。

よく「コンプレッサーを使うと音が大きくなる」と言われますが、これは「大きい音を圧縮したあとに、ゲインのパラメータを調節して全体の音量を底上げすることで、極端に耳が痛くなる場所を作らずに、全体として大きい音を保って聴けるようになる」ということなのです。

基本的にはこのように音圧を上げる使い方をするコンプレッサーなのですが、応用しだいでは調声や音作りなど、さまざまな可能性を持っているエフェクターです。

例えば、子音の発音が得意ではないVOCALOIDに対して、アタックを少し遅めにしてコンプレッサーをかけてやります。すると、発声してほんの少し時間が経った後に圧縮が行われるので、結果として発声の出だし＝子音を強く歌ってくれるようになります。

●コンプレッサーの例（Sonitus:fx compressor）

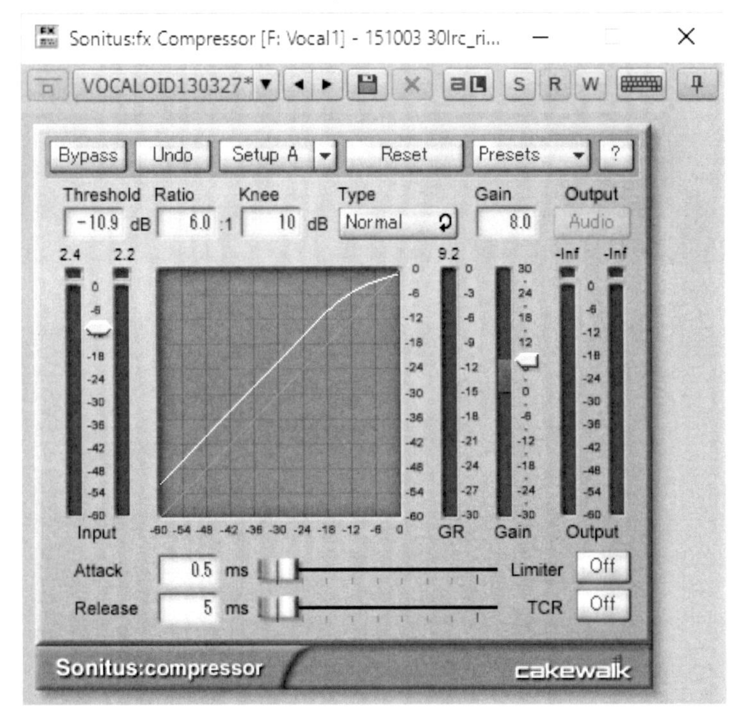

ちなみに「コンプレッサー」のみでネット検索すると、建設現場で使うほうが多くヒットし

まうため、「コンプレッサー　エフェクター」「コンプレッサー　DTM」のように一工夫する必要があります。

◆リミッター／マキシマイザー

「リミッター」や「マキシマイザー」は、どちらも特殊なコンプレッサーと考えてください。杭を打つどころか、石の壁を設置して杭が出てこられないようにするというイメージです。

リミッターとマキシマイザーに原理的な違いはなく、主に一定以上の音量になるのを防ぐ目的で作られたものをリミッター、積極的に音圧を上げる目的で作られたものをマキシマイザーと呼ぶようです。

設定できるパラメータは、種類によっても若干の差はありますが、「音圧を何デシベル上げるか」というパラメータが1個だけという「漢」を感じさせるエフェクターも珍しくありません。ニコニコ動画に上げるにあたって、とにかく他の曲に負けない音量にしたい場合はこれをかけておけば初心者でも音を大きくできますが、かけすぎると音がぼやけたり汚くなったりするので過剰な設定は禁物です。

●マキシマイザーの例（Boost11）。設定できるパラメータは「何デシベル上げるか」と「最大何デシベルまで行くか」の２点だけ。

◆ディレイ

「ディレイ」（Delay）は英語で「遅延」を意味します。ディレイはこれまで見てきたEQやコンプレッサーとは違う、いわゆる「空間系」と呼ばれる種類に属するエフェクターです。

ディレイは、簡単に言えば「やまびこを発生させるエフェクター」です。元の音が「何秒後に遅れて」（ディレイタイム）、「何回帰ってくるか」（フィードバック）などのパラメータを指定することで、音の響きに深みを持たせたり、ボーカルやギターにダブリング（二重に録音しているような）効果をつけたりと、さまざまな働きが期待できます。

種類によってはDAWで設定したテンポを読み取って、それを元に「8分音符の長さの後にやまびこが帰ってくる」というような指定ができるものもあります。

●ディレイの例（H-Delay）

◆リバーブ

「リバーブ」（Reverb / Reverberation）は「残響」を意味します。よくリバーブをかけすぎた歌声が「風呂場で歌っているようだ」などと言われたりしますが、まさにそういう、風呂場で歌っているような残響を発生させるエフェクターがリバーブです。

ディレイと同じ「空間系」に属するエフェクターですが、ディレイと違うのは「連続的に音が発生する」というところです。

やまびこの場合、遠く離れた山にぶつかって、こちらの方向に正確に帰ってきた反響音だけがピンポイントに聞こえます。ところが風呂場で歌った場合は、周りの壁や天井にぶつかった無数の音が思い思いに帰ってきて聞こえるため、非常に“カオスなこと”になります。

リバーブはこれを計算によって再現するエフェクターですので、実はこれまでに紹介したどのエフェクターよりも圧倒的に複雑な処理を内部で行っています。クラシック時代の作曲家にとっては教会や劇場という建物自体が当時最新鋭のリバーブエフェクターだったわけですが、これを機械上で再現するのは、半導体やコンピューターのスペックが今より格段に低かった昭和の時代にはなかなか大変だったようです。いまやフリーソフトで十分実用に耐えうるリバーブも多数ありますので、我々は本当に幸せな時代に生きていると言えます。

リバーブは、楽器とリスナーの間の距離感や、音の空気感を変えることのできる、ミックスにおいて非常に重要な、奥の深いエフェクターです。

リバーブのパラメータはさまざまですが、「部屋の種類」や「部屋の大きさ」、「元の音が鳴ってから残響音が鳴り始めるまでの時間（プリディレイ）」、「残響音が消えるまでの時間（リバーブタイム、またはディケイタイム）」などが調整できるものが多いです。

我々がなじんでいる以上にリバーブは複雑なエフェクターですので、実際にはあらかじめエフェクター側で定義されているいくつかのプリセットの中から良さそうなものを選び、余計にいじらずにそのまま使えば特に問題ないと思います。

●リバーブの例（TAL-Reverb III）

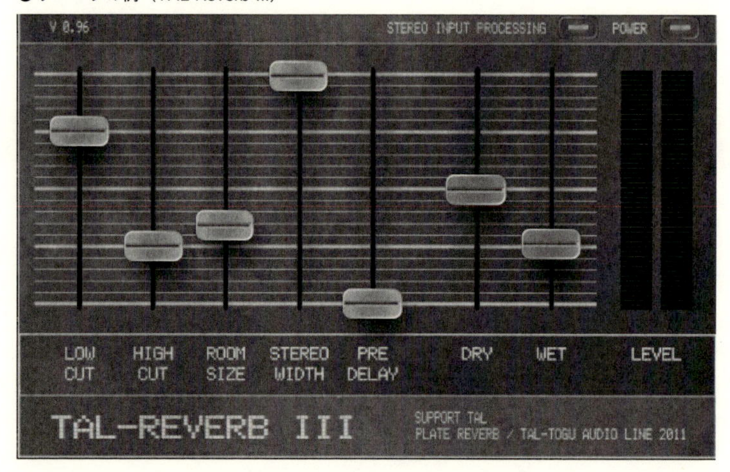

■実践：VOCALOIDの声を、エフェクターを使いミックスする

エフェクターを使用したミックスの実践例として、「VOCALOIDの声をオケとなじませる」ことを考えてみましょう。

5-4「VOCALOID調声のしかた」で、VOCALOID エディタ上の調声作業を説明しました。この過程が一通り終わったら、VOCALOID5の内蔵エフェクター、もしくはDAW上のエフェクターでオケとなじませる作業をします。

まずはエフェクターを適用する前の段階として、何もエフェクターを適用していない状態で、音量と左右バランスの調節を行いましょう。エフェクターを適用すると音量が大きく変わるため、今はまだ、だいたいできていればかまいません。

その後エフェクターを適用していくわけですが、かけるエフェクターの種類やその順番・設定値は、人によっても本当にさまざまで、一概にこれが正解というのは言いにくい面もあります。細かい設定値を暗記する記憶力よりは、「いまどのような問題が発生しており、そこに対処するためにはどのエフェクトを使えばいいのか」というところを、耳やメーターなどから見抜く力を養うほうが重要かもしれません。

発音や細かいピッチ変化を含めた歌い方を調整するには、VOCALOIDエディタでパラメータを調整するほうが操作しやすいでしょう。これに対して、エフェクターの適用・設定で大きな効果を上げられる要素は、主に以下の3点だと思います。

◆エフェクター向きの調整① 「滑舌が悪い」対策

「滑舌が悪い」と言われるかなりの部分の原因は、声の一部は聴き取れても他の部分がオケに埋もれて聴き取れないことにあると筆者は考えています。VOCALOIDによって出力された声というのは、発声ごとの音量のばらつきが元々大きいものだからです（これは人間の声もそうです)。

VOCALOIDエディタでDynamicsを調整すれば、ピンポイントである程度の差は埋められますが、全体の音量をならすためには、やはりエフェクターを適用するほうが早く、後から微調整もできます。

具体的には、主にコンプレッサーを使います。設定しだいでは、子音を強調しつつも全体の音量はならす、といったこともできます。

◆エフェクター向きの調整② 「耳に痛い」「声がこもっている」対策

全体の音量が整っていたとしても、その声にどれくらいの高さの音が含まれているか、その成分は重要です。これが高音に偏りすぎると「耳に痛い」と言われ、低音に偏りすぎても「声がこもっている」と言われることになります。

この対策に使う基本的なエフェクターはEQ(イコライザー)です。

ベースやバスドラムの音域と"かぶる"ような低音はバッサリとカットして、高音域を少しプラスするような設定をします。同時に、オケを構成している楽器にもEQを適用して、ボーカルとかぶる中音域をカットして、ボーカルに道を譲ってやるとさらによくなります。

応用的なエフェクターとして、サ行特有のザクザクするノイズの低減に特化された「ディエッサー」や、高音域を強調してキラキラと目立つボーカルにできる「エキサイター」なども、DAWによっては同梱されていることもあります。EQを適用してもなかなかうまくいかないときにお試しください。

◆エフェクター向きの調整③ 「声が浮いている」対策

人間が家で録音した声には、周囲の壁などから跳ね返った残響音が含まれている場合もありますが、VOCALOIDエディタで出力した声は、それだけでは反響音も何もありません。

そこで、声をオケの音となじませるために、残響音を発生させるエフェクターであるリバーブを使います。やまびこを発生させるディレイも併用するとさらによいでしょう。

■マスタリングの概要

ミックスが一通り終わったら、最後にマスタリングの作業です。

2-1「曲ができるまでの制作工程を知る」でも説明しましたが、マスタリングとは、ミックスによってバランス調整された音源全体にエフェクターをかけて音圧などを調整することを指します。ミックスが「各楽器ごと」にエフェクターを適用する作業であるのに対し、マスタリングは「そうして作った音源全体」に適用するという違いがあります。

マスタリングで主に使うエフェクターは、先ほど紹介した5種類のうち、EQ、コンプレッサー、リミッター/マキシマイザーの3種類です。EQとコンプレッサーは、楽器ごとにかけるときよりも弱く、かかっているか・いないかくらいの感覚でかけることが一般的です。

マスタリングの最後には必ずリミッター／マキシマイザーをかけましょう。全体音量が0デシベルを超えると音割れが発生するので、0デシベルを超えないように抑え込みつつ、しかし音圧は上げるという効果が期待できます。

どれくらいの音圧を目安にするかは、市販のCDや、ピアプロなどからダウンロードした、自分が作った曲と似たようなジャンルの曲をDAWに取り込んで、交互に聴き比べながら微調整を繰り返していくのが一番です。

実はなんと、このマスタリングを完全自動で行ってくれるWebサービスがあります。「LANDR」（https://www.landr.com/ja/）というサイトがそれです。

ここに「全体にエフェクターがかかっていない、ミックス済みの音源」をアップロードすると、自動的に音圧があがってメリハリもかかったマスタリング済みの音源が仕上がってくるという優れものです。基本は有料サービスですが、お試しということで低ビットレートのMP3が毎月2曲までは無料で制作できます。

クオリティはさすがに人間のプロには及ばないものの、アマチュアの上級者レベルにはありますので、初心者がある程度のクオリティを確保した音源を公開するために使ったり、マスタリングの参考にするのはもちろんのこと、中級者以上も時間の節約のために検討する余地はあります。

また最近は「Ozone」や「Lurssen Mastering Console」など、複合的なエフェクターを内部に搭載することで高度なマスタリングを簡単操作で実現させるエフェクターも登場しましたので、こちらを使う手もあります。

▼iZotope「Ozone」

https://www.izotope.com/en/products/master-and-deliver/ozone.html

▼IK MultiMedia「Lurssen Mastering Console」

https://www.ikmultimedia.com/products/lurssen/

ミックスやマスタリングのテクニックに関しては、毎回作品づくりと評価を通じて地道に習得していくしかないものだと思います。エフェクターをかけていない楽器（声）とかけた楽器をこまめに比較してみたり、一晩寝かせてからまた聴いてみて「冷静な耳」で判断するなど、3歩進んで2歩下がることを繰り返しながら徐々に身につけていきましょう。

6

第6章　実践編

6-1　VOCALOIDに関する著作権と二次創作について

■VOCALOIDに携わる者として、避けられないテーマ

第3章～第5章にかけて、曲を作る過程を一通り見てきました。作詞や作曲・編曲にミックスが終われば、無事に曲は完成です。さてここからは、完成した曲を世の中に発表するプロセスを考えていきたいと思います。

まずその取っかかりとして、「著作権」に関する話題に触れたいと思います。VOCALOIDの大半がキャラクターを伴った音源で、そのVOCALOIDキャラクターのイラストを描く行為が「二次創作」に該当する以上避けられないのが、この著作権についての理解です。

作った楽曲を、①ネット上で公開、②有料配信、③CDなどで頒布する際には、この著作権への理解が絡んでくることがあります。これら3つの発表方法はそれぞれ、次項からの6-2「作った曲をネット上で公開する」、6-3「作った曲を有料配信する」、6-4「作った曲をCDやダウンロードカードで頒布する」で説明していきます。

著作権というものは、著作物を利用する人だけでなく、創作を行い、自ら著作物を生み出す立場の人にとっても難しくてよく分からないという声を聞くことが多くあります。では具体的にはどれくらい難しいのかというと、ちゃんと勉強すれば国家資格が取れるくらいです。「知的財産管理技能検定（1～3級）」や「ビジネス著作権検定（初級・上級）」といった資格試験があり、前者が国家資格となっています。

著作権についてしっかり書こうとすると、それだけで本が1冊書けてしまう分量になると思います。また、筆者は著作権関係の情報は積極的に仕入れるように意識はしていますが、法律の専門家ではありませんので、ここではボカロ曲の創作を行うのにあたって必要そうな知識や心構えを簡単に触れるにとどめておきます。

これは今までの経験から申し上げることなのですが、著作権関係についてちゃんと勉強するなら、インターネットで調べるよりも書籍をあたったほうが効率的だと思います。そう考える理由はいくつかあります。

まず、本というまとまった形のほうが体系立ててルールを説明していることが多いので、わかりやすいということ。インターネットで調べると、個別のエピソードは多く引っかかるものの、なかなか広域的には理解しづらいと感じています。

また、特にインターネット上には著作権にまつわる感情的な話題も多いので、下手な検索の

しかたをして不快な気持ちになるよりは、最寄りの図書館に行って、著作権や知的財産にまつわる書籍や雑誌を探したほうが精神衛生上もよろしいかと思います。図書館なら財布も痛みませんし。

過去の裁判事例など、具体的なエピソードが書かれている本が見つかれば、より理解が深まることでしょう。

ちなみに、個人的なおすすめの本は「知的財産管理技能検定の参考書」です。参考書は当然、試験範囲に基づいて構成されているので、そもそも著作権法が定義する著作物とは何かという根本的な部分から、著作権法の概要を一通り網羅するように作られています。また、試験範囲は著作権以外にも特許や商標、意匠などさまざまな知的財産権に関するものから出題されるので、それら他の知的財産と著作権の違いは何か、という部分まで意識して学べるようになっています。

実際に過去2級の試験では、「二次的著作物が原著作物の著作者の許諾を得ずに作成された場合、著作物として保護されることはない」が○か×かといった問題なども出題されています。（ちなみに正解は×で、元の著作者の許諾を得ているかどうかと、二次的著作物が保護されるかどうかは直接は関係ありません。なお実際の出題形式は、このような選択肢が4つ与えられて、最も適切／不適切なものを選ぶようになっています。）

■一般的な著作権と二次創作の関係　――小学館を例にして

例えば、大手出版社・小学館のサイトでは、「画像使用・著作権」に関する注意事項として次のように書かれています。

> 小学館の出版物および、小学館関連サイトで提供している画像・文章・漫画・キャラクター等の著作権は、著作権者に帰属します。
> 著作物は、著作権法や国際条約により、以下のような行為を無断ですることは禁じられています。
>
> ◆出版物の装丁・内容・写真等、あるいはサイト上の文章・画像・キャラクター等の全部または一部を複製して掲載すること。
> ◆出版物やサイト上の著作物を要約して掲載することや、その著作物をもとにした漫画・小説等を翻案作成して掲載・頒布すること。
> ◆出版物やサイト上の画像・キャラクター等を使用してアイコン・壁紙・コンピュータソフト等を作成し掲載・頒布すること。
> ◆出版物を、代行業者等の第三者に依頼して電子的複製すること。
>
> （https://www.shogakukan.co.jp/picture より引用）

このページが、2011年に「小学館が二次創作の締めつけを始めた！」というコメントつきで盛大にTwitterで拡散されたことがあります。しかし、そもそもページ自体はその遙か以前から存在していましたし、小学館だけが特殊なわけではなく、どの出版社も普通はこのようなものです。

これは当然のことで、悪意のある第三者が勝手に海賊版などを作ってお金儲けしたり、あるいは知らないところで漫画が小説や映画になって、しかもそれがキャラクターのイメージを傷つける内容であったりしたら、版権元はたまったものではありませんから、そんなことにならないように公式見解を示しているわけです。

確かにこの文章だけを何の知識もなく素直に読むと、同人誌の制作はもちろん、pixivへのファンアート投稿にも事前に出版社に何か連絡をしなければならないように思えます。しかし同人文化のマナーをよく知る人たちは、そんなことは野暮な行為であると知っています。そして、自分の行為が「厳密には適法ではないが、訴えられていないから不利益を被ることはない（いわゆる「グレーゾーン」と呼ばれる）状態」であることを理解して、自己責任のもとで同人誌の作成やファンアートのアップを行っています。

出版社側も、特に普通にファンアートで描かれる分には実害が発生するわけでもありませんし、いま抱えているマンガ家たちは同人文化があったからこそ成長できたことも知っているでしょうから、基本的には黙認をしています。

ただ、ファンアートでも度が過ぎればもちろん動きます。2007年には、『ドラえもん』の最終回を二次創作で描いた同人誌の作者が小学館から警告を受け、謝罪するとともに同人誌の売上の一部を小学館に支払ったという案件がありました。泣ける話としてネットで非常に話題となった結果、この同人誌の冊子版は警告を受けるまでにおよそ13,000部も売れていたそうです。

有償著作物の原作のままの複製（いわゆる海賊版）ではない著作権侵害は、現時点では親告罪（訴えることができるのは被害者本人に限られる罪）であり、二次創作を軸とした同人文化は、権利者の寛大さがあって成立していることを常に意識する必要があります。

■VOCALOIDをとりまく環境における、著作権と二次創作の関係

さて、VOCALOIDをとりまく環境における著作権の運用は、その性質ゆえ、このような一般的な版権元によるものとはかなり趣を異にする特殊な事情があります。その特徴はいくつかあるかと思いますが、ここでは3点ほど触れておきましょう。

◆特徴①　VOCALOIDを使用したオリジナル曲は一次創作だが、VOCALOIDの絵を描くのは二次創作

VOCALOIDは歌声合成ソフトです。つまりギターやピアノなどの楽器と同じ扱いですので、VOCALOIDを使用したオリジナル曲は一次創作となり、作詞・作曲・編曲の権利はそれぞれ作った人に帰属します（現行の著作権法から厳密に考えると、音楽としての原著作物は「歌詞」

と「メロディ」のみであり、編曲したものは原著作物の二次的著作物にあたるのでややこしいのですが……)。

なお、こうして完成したオリジナル曲に対し、VOCALOIDの発売元は特に権利を有していません。例えば「初音ミク」の「エンドユーザー使用許諾契約書」には、「お客様は、本契約の諸条件に従うことを条件として、お客様が生成した合成音声を商用/非商用を問わず使用することができます」とあります。これは、普通の楽器メーカーが自社の楽器を使った曲に権利を主張できないのと同じです。

しかしながら、作った楽曲を「初音ミクが歌っている」というような、キャラクター的な宣伝を商用目的で行う場合は、別途手続きが必要になります。

一方、VOCALOIDキャラクターのイラストやグッズを制作することは、元のキャラクターの二次創作となります。これは他の一般的な版権元と同じ扱いです。例えば、オリジナル曲を動画で公開するため、Pが絵師に、作った曲の世界観に合った衣装のボカロキャラのイラストをお願いして、それが実際に動画となったとしましょう。この場合も、音楽は一次創作ですが、絵はボカロキャラの二次創作扱いとなります。その絵の成立要因の大半が、一次創作元の音楽から得ているにも関わらず、です。

ちなみに、曲をVOCALOIDが歌っていたとしても、そこから描かれたイラストがボカロキャラクターから離れた完全なオリジナルキャラであれば、当然絵も一次創作です。「カゲロウプロジェクト」がその代表例です。この場合は、VOCALOID音源の発売元の権利を意識しなくてよいため、商業展開などもスムーズに動きやすいといえます。

◆特徴② 一般的な版権元に比べて、著作権運用ルールが緩い

VOCALOIDキャラクターの著作権運用ルールは、他の一般のキャラクターに比べるとかなり緩く設定されています。発売元各社で微妙に違いこそありますが、多くの場合、「ネット上の二次創作は公序良俗に反しない限りは問題なし」「個人での同人誌やCDを作る際は可能な限り事前申請」というようなものです。後者の例としてはクリプトンの「ピアプロリンク」、AHS社の「有償配布申請」などがあります。さらに踏み込んで、1st Place社では「商用目的であってもこの部分であればIAを自由に使用できる」というルールを決めたりしています。

例えばクリプトンの場合は、ピアプロの「キャラクター利用のガイドライン」(https://piapro.jp/license/character_guideline)にそれらが細かく記載されています。簡単にまとめると次の通りです。

・非商用および無償(動画サイトなど)の場合:PCLに基づくクレジット表示を行う。
・非商用および有償(同人活動など)の場合:ピアプロリンクの手続きを行う。
・商用の場合:クリプトンと個別に契約を締結する。

しかしながら、非商用であれば何でも許されているわけではもちろんありません。過去には公序良俗に反しているという理由で楽曲が削除されたり、同人作品が警告を受けたりするという事例も存在します。

もっとも、そういった事態まで至ったのは「話題になった有名人を揶揄・中傷した替え歌を発表し、マスコミにまで取り上げられそうになった」、「成人向けの抱き枕を大々的に作った」というような特殊なケースに限られていますので、普通に曲やイラストを制作したり、CDや同人誌を頒布したりという、常識的な活動をしている限りは特に問題にはならないことでしょう。

なお、同人CDを同人ショップに委託して販売することは、現時点ではピアプロリンクのカバー範囲である「非商用および有償」の対象外となり、一般的な著作権の扱いと同じく権利者の黙認で成立しているグレーゾーンの範疇であることは覚えておきましょう。

現在では、動画共有サイトなど、ボカロPが活動を行う場においても、権利者との著作権に関する契約面が整備されているケースが多くあります。

例えば「ニコニコ動画」と「YouTube」は、JASRACなどの権利者団体と包括契約を交わしており、オケを自作したJASRAC信託曲のカバーも、基本的には自由に投稿できることになっています。

▼「音楽著作物及び音楽原盤の利用に関するガイドライン」(niconico)
http://ex.nicovideo.jp/base/license_guideline

▼「動画投稿（共有）サイトでの音楽利用」(JASRAC)
http://www.jasrac.or.jp/info/network/pickup/movie.html

▼「利用許諾契約を締結しているUGCサービスリストの公表について」(JASRAC)
http://www.jasrac.or.jp/info/network/ugc.html

◆特徴③　発売元以外にも、ボカロP、絵師など、さまざまな人が権利者（版権元）になっている

一般的な漫画やアニメの場合は、マンガ家や出版社などの、いわゆる「公式」が版権元です。

しかしVOCALOIDの場合は、ユーザーの創作を前提とするところが根本的に異なっています。先ほども書いた通り、楽曲の場合は一次創作ですから、作詞・作曲者などが権利者となります。あなたが楽曲を作って公開すれば、もちろんあなたも権利者ということになります。イラストの場合は、オリジナルキャラの場合はもちろん、ボカロキャラの二次創作の場合でも、そのイラストを描いた方は権利者です。

ですから、例えばこの曲のアレンジをしたい、歌ってみたいという場合は作詞・作曲者の意向を、この曲のコスプレをしたり同人誌を出したりしたい場合は絵師さんの意向を、それぞれ確認することになります。

ここで重要なのは、自分の作品の二次利用に対する考え方は、本当に人によってさまざまだということです。今まで同人活動に慣れた人であっても、これまでの対企業とは違う対応が必

要になることもあります。いろいろな考え方がありますが、どの方も本人が思うちゃんとした理由があってそうなっています。

・例1：常識の範囲内であればどんどん使ってください。報告も不要です。
・例2：常識の範囲内であればどんどん使ってください。ただし事前報告をお願いします。
・例3：特に公認はしないので自己責任でお願いします。
・例4：○○の部分はJASRAC委託なので、しかるべき手続きをお願いします。

以前は連絡先がまったく分からない作者の方も大勢いらっしゃいましたが、今は作者のホームページに行けば連絡先と、楽曲やイラストの使用に関するルールが書かれていることも多くなってきましたので、まずはそちらを調べてみましょう。

また、ニコニコ動画にはコンテンツツリー機能があります。派生動画をアップしたときに親動画となる原曲を登録すると、その親動画の作者に、自分の作品に子供（派生動画）が追加されたことが通知されるので、ニコニコ動画内のみの公開であればそれをもって事後報告の代わりとするのも最近では一般的になりつつあります。親動画の作者側は、作品が気に入らない場合などはしかるべき対応をとることが可能です。

カバー曲や「歌ってみた」などをやる際に、コーラスのないオケや、キーを改変したオケといった、公開されていない素材がほしい場合は、作者にコンタクトを取ってみるのも1つの方法ですが、人気のある曲の場合、その作者は1日に膨大な数の作業や連絡メールを処理しており、また1人を特別扱いしてしまうと、他の人にも同じように対応しなければならなくなるという事情がありますので難しいと思います。一方、趣味のレベルとして普通に楽しんでおり、かつ普段から親しい作者の方であれば、対応して頂ける可能性は高くなると思います。

ちなみに、実際にやってみるとわかると思うのですが、作業量は「コーラスのない（ある）オケの新規作成＜＜＜キーを改変したオケの新規作成」です。コーラスのないオケの制作は、ミックスが終わった音源のうち、コーラス音源パートを外して統合・再マスタリングするだけの作業であるのに対し、キーを改変したオケというものは、ミックスの前段階である各楽器の打ち込みまでさかのぼってドラムや効果音を除く全パートのキーを改変してから、それらをすべて書き出し、再ミックスする必要があるため、はるかに時間のかかる作業となります。

◆自分が作り手になった場合の対応を考える

自分が曲を作った場合、自分が権利者として他の方から依頼や報告などを受ける可能性もありますので、自分の中でポリシーをあらかじめある程度決め、いろいろなケースを事前に想定しておくとよいでしょう。例えば、ざっと考えるだけでも次のような著作物の利用・複製がありえると思います。

・編曲（アレンジやリミックス）
・手書きPV、MMDなどの3DPV
・漫画や小説の公開。Web上のみか、同人誌か、あるは商業媒体であるのかによっても対応が異なるでしょう。
・歌ってみた、演奏してみた、踊ってみた、ライブ、コスプレ
・ニコカラ、ファンサブ
・替え歌、MAD等の素材としての利用
・創作性のない単純な転載（YouTube、ニコニコ動画、それ以外の動画サイトや個人ブログ等での公開）
・インターネットに公開していない作品（CD音源など）のインターネット上での利用

このあたりのポリシーを具体的な文章にしていくにあたっては、40mP氏のブログに書かれている「楽曲利用ガイド」がかなり詳細にケースを網羅しており、表現もわかりやすいので、これを参考にしつつ、個人の事情や思想に応じてカスタマイズしていけばよいのではないかと思います。

▼40mP氏「40mP楽曲利用ガイド」
http://40meter.blog125.fc2.com/blog-entry-155.html

要件によっては微妙な問題もあり、最後は個別対応というか、人と人との礼儀の問題に行き着きます。インターネットなどのデジタルな技術が普及するに連れて、かえってクローズアップされるのは人間の人間臭い部分であるということは常日頃感じています。

最後に、もし自身の作品が無断使用・転載された場合に参考となるネット記事を紹介します。以下は、自身の楽曲が営利目的のライブで無断使用された際、相手の芸能プロダクションと使用料等の交渉を行い、和解したボカロPの事例です。

▼木村わいP氏「ボカロPが自作曲を無断使用されて学んだこと」（ブロマガ）
http://ch.nicovideo.jp/kimura_yp/blomaga/ar869601

また、以下は海外のサイトに自身のCDを違法アップロードされた際に、警視庁への相談やサーバー管理元、プロバイダーへの連絡等を通じて対抗したボカロPの事例です。

▼「KTG,チーターガールPが違法アップロードに対抗したまとめ」（Togetterまとめ）
https://togetter.com/li/209164

お金儲けを目的とした意図的な無断転載に個人レベルで対抗するには、残念ながら今の社会システムでは相当の労力を必要とするのが実情です。特に相手が海外在住で文字通り日本語が通じなかったりすると、最初のクレームを上げる段階からハードルが高くなります。

6-2　作った曲をネット上で公開する

■その作品は、誰に届けたいのかを考える

さて、ページ数を割いてここまでVOCALOIDにまつわる著作権を見てきました。いろいろありましたが、「音声そのものは楽器扱い」「キャラクターは二次創作となるが、非営利無償の場合は基本問題なし」というところを、まずはおおよそのところでかまわないのでご理解いただければと思います。

さて、完成した曲をいよいよネット上に公開することにしましょう。
しかしその前に、1つ質問です。

その曲は、いったい誰に届けたい性質のものでしょうか？

昭和の時代は「全国民が対象の歌唱曲」がある程度成立していましたが、時代の流れとともにそういうものは少なくなってきました。現代では音楽だけに限らず、一般人をお客さんとするほとんどの商業作品や商品といったものは、メインとなる客層、「それは誰のためのものか？」というターゲットがあらかじめ想定されています。

例えば、「ローティーンの女子」であるとか、「F1層」、「インターネット活用に積極的な20代〜30代の男性」といったようなものです。それを元に商品の設計や宣伝方法（あえてテレビに出ないなど）が決まっていきます。

同様にクリエイターも、プロ・アマチュアに関わらず、**「自分が作った作品は、誰に届いてほしいものなのか」**を意識して発表の場を選ばないと、ミスマッチが発生して、そこにいる受け手に受け入れられなかったり、場の雰囲気が悪くなったりというケースもあります。

現時点でアマチュアが音楽を発表して、単純に数としてもっとも多くの人に聴いてもらえる場は、ニコニコ動画やYouTubeのような動画共有サイトであることは間違いない事実です。しかしそれが全てではありません。極端な話、「特定の一人にしか届けなくていい音楽」だとか、「完全に自己満足で作ったのでどこにも公開しなくていい音楽」というのも存在するでしょう。

作品の発表の場としてニコニコ動画やYouTube以外もあることを知っておくと、さまざまな目的や状況、ターゲットに応じた使い分けが可能になることでしょう。必ずしもニコニコ動画に公開することがゴールではないというのは、頭に入れておいて損ではないと思います。

●「多数・少数」「不特定・特定」を考え、場を選ぶ

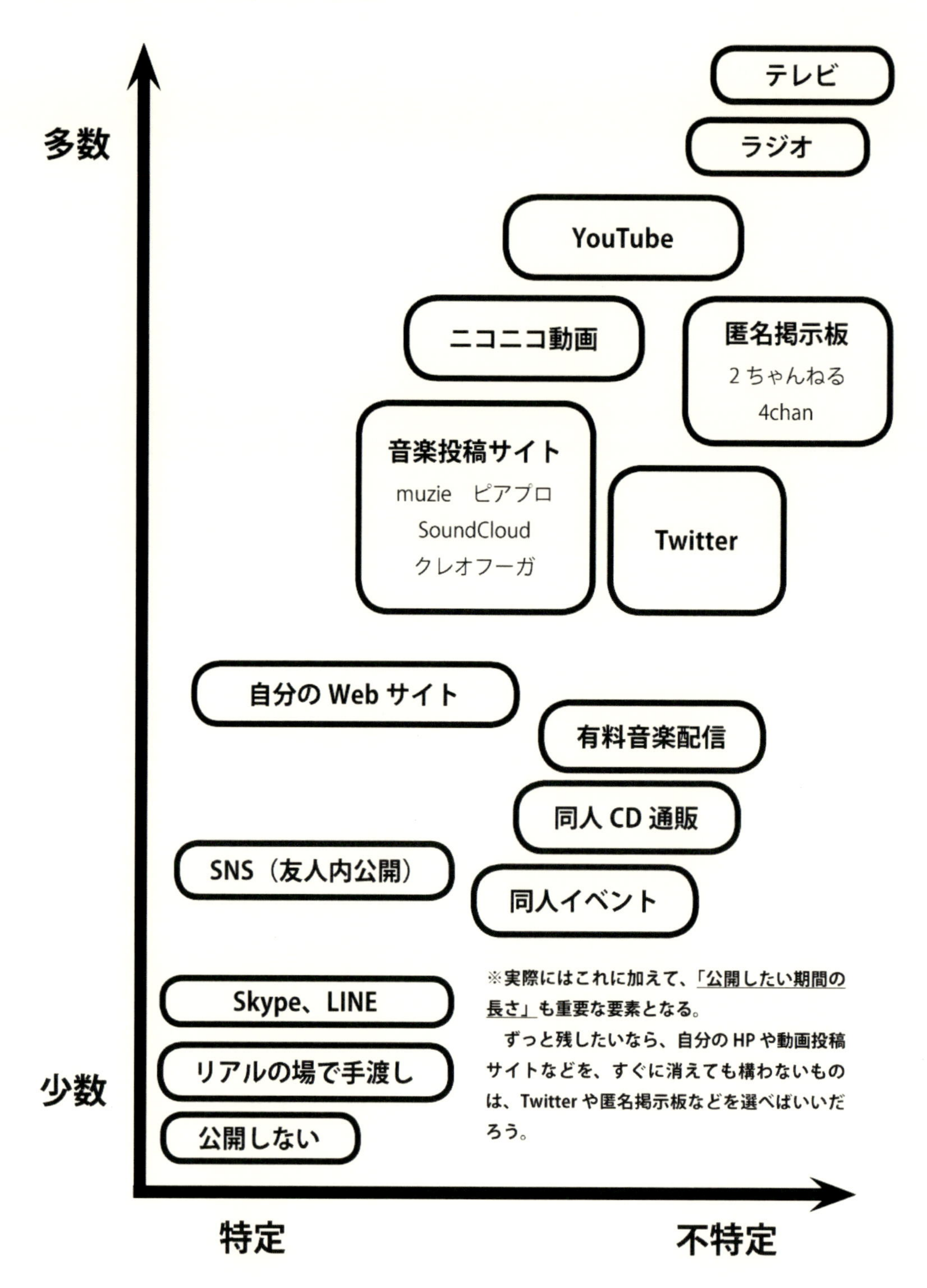

※実際にはこれに加えて、「公開したい期間の長さ」も重要な要素となる。

ずっと残したいなら、自分のHPや動画投稿サイトなどを、すぐに消えても構わないものは、Twitterや匿名掲示板などを選べばいいだろう。

前の図は、現状、作品を公開する場所として取りうる主な選択肢を提示したものです。多数の人に目につくものかそうでないのか、知り合いなど特定の人に聴かせたいのか否か、などの選択軸があることがわかります。公開の前に、一度考えてみましょう。いくつか具体例を上げておきます。

・この曲は身内しかわからないネタが満載だから、SNSだけで公開することにする。
・この曲はいつもよりちょっと主張が過激である。一般に公開すると荒れそうだが、自分の音楽の延長線上だから、もともと自分を好きな人には聴いてほしい。じゃあCDのみの収録にして、わざわざお金を出してまで自分の音楽を買ってくれる人だけに届けてみよう。
・時事問題に思うところがあって曲を作った。議論させること自体が目的だから多少荒れてもかまわない。タイトルも目立つモノにして、鮮度があるうちにニコニコ動画に放り込んでみよう。
・いい曲ができたけど、歌詞だけが思いつかないので、ピアプロに公開して歌詞を募集する。

もちろん1つだけではなく、複数の場所に公開するのもよいでしょう。筆者はニコニコ動画とYouTubeに動画を同時公開して、数日後にMP3やカラオケをピアプロに置くということをよくやっています。最初の数日は動画で見てもらって、各自手元に残せる音源は後追いで公開するという感じですね。

■音楽投稿・共有サイトに公開する

さて、このように作品を届けたい対象を検討した結果、「これは自信作だから、やっぱり動画共有サイトや音楽投稿サイトで発表するべきだ」という結論が出たら、公開に向けた準備を進めます。

このうち楽に公開ができるものは、音楽投稿サイトです。動画を作らなくてよいので曲作りの他に手間のかかる作業もありませんし、公開に適した形式にするのも、DAWから書き出したWAVファイルを「iTunes」などでMP3に変換するだけですから簡単です。

◆「ピアプロ」

https://piapro.jp

クリプトンが公開している音楽・イラスト・テキスト投稿サイトで、ボカロ曲を音楽単体で投稿する場所としては第一の選択肢となるサイトです。カラオケなどの音源や歌詞、公開したい場合はVOCALOIDの調声ファイルなども関連づけて登録できるメリットがあります。

クリプトンが発売するVOCALOID音源の場合はキャラクターアイコンが付くので、そのキャラクターのファンに多く聴いてもらえますが、クリプトン以外のVOCALOIDが歌う曲や、歌のないインスト曲も投稿できます。

◆「SoundCloud」

https://soundcloud.com

ボカロ曲に限らず、世界中の人々がインディーズ音楽を投稿しているサイトです。コメントを通じた交流も盛んに行われています。

英語サイトであるという関係上、日本でのこのサイトのリスナーは主に音楽通の方が多い印象があります。

◆「クレオフーガ」

https://creofuga.net

アマチュアによる作曲コンテストやコンペを定期的に開催しているサイトです。コンテストによってはプロ作曲家が審査員として参加することもあり、優秀作品はアイドルの楽曲やアプリBGMなど、さまざまな媒体で自分の作品を使用してもらえるチャンスがあります。

◆「nana music」

https://nana-music.com

スマートフォン上でレコーディングと投稿が完結できるため、「歌ってみた」などの二次創作を気軽にアップして交流ができる場として近年人気を集めているiOS/Android用アプリです。

90秒以内でモノラル音源という制約があるため、メインとしての音源は別の音楽投稿サイトにもアップしたほうがいいかもしれませんが、派生作品をみんなに生み出して楽しんでもらいたいと思っている方は検討する余地があります。

▼「DTMユーザー必見、WEBサイトから音源アップロードが可能に！～投稿サウンドの作り方～」（nana）
https://nana-music.com/blogs/20170913-01/

■動画を作る（動画サイトに公開する場合）

続いて、ニコニコ動画やYouTubeなどの動画共有サイトに楽曲を公開する場合を考えます。これらのサイトは本来「動画」を投稿する場所であるため、音楽に何らかの映像をつける必要があります。

人気の楽曲の中には、まるでアニメのように激しく絵や歌詞が動く演出のものもありますが、技術や人脈をあまり持ち合わせていない状態からこれらと同じようなことに挑戦するには高いハードルがあります。また、動画にこだわりすぎて新曲を作る時間がなくなるのも本末転倒ですから、まずは手元の環境で作れる動画にチャレンジしてみましょう。

Windows 10では「フォト」、Macでは「iMovie」が、それぞれ初めから使えます。これでも「複数枚の写真やイラストをスライドショー形式で映しながら、歌詞のテロップを入れる」くらいのものは作れます。また、スマートフォン用のアプリも最近は無料でも高性能です。

●Windows 10の「フォト」アプリで簡単な動画を作る

慣れてきたらAdobe「Premiere Elements」のような市販の有料ソフトを導入してもいいでしょう。人物と背景を別々に動かしたり、複雑なエフェクトを適用するといったクオリティの高い動画を作ることができます。

フリーソフトでは、「AviUtl」は使い方次第では有料ソフトに引けをとらない動画を作ることが可能なようです。動画講座のような情報が比較的多いソフトなので、試してみる価値はあるかもしれません。

▼KENくん「AviUtl」
http://spring-fragrance.mints.ne.jp/aviutl/

さらに、音楽は公開に適した形式に変換するのが簡単でしたが、動画の場合は各サイトでも微妙に仕様が違うので少し面倒です。基本的には、動画作成ソフトでなるべく高画質のAVI形式またはWMV形式で書き出したあと、何らかの手段でMP4形式に変換して投稿します。

このときにフリーソフトの「つんでれんこ」を使うと、ニコニコ動画とYouTube、それぞれに適したMP4を作ることができるので便利です。

▼「つんでれんこ」(Mac版は「TDEnc2」)
https://tdenc.com

■自分の動画に写真・動画素材を使用する

写真を動画に使用する場合は、自分が撮影したものでもよいのですが、無料の写真素材サイトにハイクオリティな写真がたくさんありますので、それらを使うのも選択肢のひとつです。

下記のブログ記事に、写真素材サイトへのリンクが大量に掲載されています。サイトによってはクレジット表示が必要なものもありますので、利用規約は確認しましょう。

▼「国内限定、商用利用無料のフリー素材の総まとめ -日本語フォント、写真素材、イラスト素材、マンガ素材など」(コリス)

http://coliss.com/articles/freebies/free-japanese-fonts-and-photo-and-illust.html

ニコニ・コモンズ(http://commons.nicovideo.jp)を探すのもいいでしょう。ニコニコ動画での公開に適した動画や写真素材が多く投稿されています。

市販の本としては、「動画素材123」シリーズ(ビー・エヌ・エヌ新社)がおすすめです。書籍とDVDを組み合わせた、商用・非商用を問わず自由に使える動画素材集で、現在までにシリーズが3冊刊行されています。筆者自身もよく動画で使っています。

■自分の動画にイラストを使用する

ボカロ曲の動画として王道ともいえるイラストを使った動画ですが、自分でイラストを描ける方以外は、絵師さんの既存イラストをお借りするか、新たにイラストを描き下ろして頂くことになります。

既存イラストをお借りする場合、まずはピアプロが選択肢に上がります。投稿されているイラスト作品には投稿者が設定したライセンスが表示されており、その中には使用目的が非営利の動画であれば自由な使用が許可されているものもたくさんありますので、そこからお借りしましょう。使用報告は事後でもよいので忘れずに行ってください。

pixivなど、ピアプロ以外のサイトから既存イラストをお借りしたい場合は、作者のプロフィール欄などにポリシーが記載されているかを必ず確認したうえで、事前に使ってよいかどうかの相談をしましょう。

描き下ろしのイラストをお願いする場合は、何曲か公開した後に次のステップとして、以前にピアプロでイラストをお借りした絵師さんや、Twitterで自分の過去曲などに言及している絵師さんなどに声をかけると引き受けて頂ける可能性は高いと思います。依頼の際には、デモソングと歌詞は用意しましょう。絵師さんは特に歌詞を重視して、絵の方向性を決めることが多い印象があります。

無償・有償は絵師さんによってもポリシーが違うので、相談のうえ個別に決めるのがいいでしょう。ニコニコ動画にはクリエイター奨励プログラムの分配制度があるので、それを利用して絵師さんにポイントを割り振るというやり方もあります。趣味の活動であるだけに、なおさら礼儀は欠かさないようにしたいところです。

「ココナラ」(https://coconala.com)などのスキル売買サイトで、有償でイラストを依頼するのもひとつの手です。

■動画サイトに公開する

◆「ニコニコ動画」

https://www.nicovideo.jp

ボカロ曲を投稿する動画サイトと言えば、やはり最初の選択肢となる存在はニコニコ動画でしょう。ボカロ曲の熱心なリスナーが多数存在しており、新曲をアップすると必ず一定数の方には聴いてもらえるうえに、コメントもそれなりにつきます。

熱心なリスナーの間で話題になるとランキングに上がりますが、ランキングを見ている層はまた別で、比較的若いライトなリスナーが多い印象があります。そこで2段ロケットのように火が点くと一気に伸びていきます。

新曲に注目が必ず集まる反面、時間の経過した作品は大ヒット作を除くとなかなか再注目されづらい傾向があります。ごくまれに、強力な「歌ってみた」やPVなどの派生作品が伸びたことをきっかけに、原曲も再注目されるというケースもあります。

◆「YouTube」

htttps://www.youtube.com

投稿者への待遇はニコニコ動画よりも全体的に良く、大容量で高画質な動画をアップできるほか、アクセス解析機能により、リスナーの性別・年代比率の表示、どこからリスナーが自分の動画に辿り着いたか、動画の最後まで何％のリスナーが見ていたか、などの非常に詳細なデータを見ることができます。

注目されない場合はそのまま埋もれてしまう危険性もあるものの、他の動画ページで画面右の関連動画に自分の動画が表示されたら、そこから少しずつ人が流入していきます。そのため再生数が再生数を呼ぶ傾向があり、公開1年目より2年目のほうが伸びるというケースもよくあります。

◆「bilibili」

https://www.bilibili.com

ニコニコ動画のような立ち位置の中国の動画サイトで、最近は日本のボカロPも一部参加しはじめています。

執筆時点では、動画を投稿できる「正式会員」として登録するには、他の正式会員から招待されるか、中国語でのクイズ形式のテストに合格する必要があるためハードルがありますが、ニコニコ動画の数倍の規模を持つ中華圏のユーザーに動画を見てもらいたいという場合は検討してみてはいかがでしょうか。

◆その他

最近は「Twitter」や「Facebook」などのSNS上にも直接動画をアップできます。例えば

Twitterであれば2分20秒以内などの制約がありますが、短い楽曲や視聴用音源をアップする場として活用できます。

6-3　作った曲を有料配信する

ここまでは主に、公開・閲覧ともに無料で行える、音楽投稿サイトや動画共有サイトへの公開方法を見てきました。続いては有料配信を行うケースを見ていきます。

ある程度実力が上がってくると、何曲か制作した曲をまとめてアルバムにして公開したいという欲求が自分の中で湧き上がってくるかもしれません。

ボカロ曲を有料で配信する方法は、主に2パターンあります。1つは、配信仲介レーベルを通じて、「iTunes Store」や「Amazon MP3」などの音楽配信サイトに配信するパターンです。もう1つは、ダウンロード販売サイトを利用し、自由に値段をつけて配信するパターンです。

■配信仲介レーベルを通して、iTunesなどに有料配信する

◆「ROUTER.FM」

https://router.fm

クリプトンの運営する配信仲介レーベルです。このレーベルを介することにより、配信仲介料のみ（キャラクター使用料なし）で、ボカロキャラをジャケットに描いたり、アーティスト名や曲名に「feat. 初音ミク」などの表記を用いた楽曲をiTunes Storeなどに配信することができます。

使用可能なキャラクターの一覧（https://router.fm/faq/?qid=2&from_index=1）を見ると、クリプトン以外にも、インターネット社やAHS社、ヤマハなど、主要なメーカーのものを一通り網羅しています。

iTunes StoreやAmazon MP3のほか、「mora」など多数の音楽配信サイト、さらに定額配信サービスの「Apple Music」や「LINE MUSIC」「Spotify」にも配信されます。なお、ダウンロード販売の場合の販売価格は作者側では決められず、iTunes Storeなどの配信サービス側がそれぞれ設定します。多くの場合、1曲150〜200円前後の価格がつきます。

ROUTER.FMへのレーベル登録料は1,000円で、年会費はありません。配信料は条件にもよりますが、十数曲が入ったアルバムを配信するのに1万数千円ほどかかります。次節6-4「作った曲をCDやダウンロードカードで頒布する」で解説するように、プレスCDを制作する場合はそれなりの価格になりますので、大手サイトに自分の曲を掲載できる手段としては比較的安価であるといえます。

JASRACなどの権利者団体に権利を信託している曲も配信可能であるなど、柔軟な対応が特徴であり、筆者も実際に利用しています。

◆参考：「KARENT」の場合

1-5「DTMとVOCALOIDの歴史」でも紹介したクリプトンの配信レーベル「KARENT」(https://karent.jp) ですが、こちらは現状、基本的にレーベル側から声がかけられたボカロPのみが配信できる仕組みになっています。

その一方、ROUTER.FMのほうは配信料さえ払えば誰でも配信できるという住み分けがされています。

◆その他のサイト経由の有料配信

「TuneCore Japan」を経由した配信でも、ボカロキャラの二次創作ジャケットおよび楽曲へのキャラクター名使用が許可されています。

インターネット社、AHS社などのVOCALOIDが使用できますが、クリプトンは対象外となっていますのでご注意ください。詳細な規約は「VOCALOIDについて」をご覧ください。

▼「TuneCore Japan」

https://www.tunecore.co.jp

▼TuneCore Japan「VOCALOIDについて」

https://support.tunecore.co.jp/hc/ja/articles/360007022772

「VOCALOTRACKS」は、インターネット社のVOCALOID音源を使用した楽曲を、同社自身が配信するサイトです。

同社が取り扱うボカロの発売記念日（誕生日）に、定期的にオリジナル曲を募集して、規約違反でない全曲を配信するなど、積極的な働きかけを行っています。

▼「VOCALOTRACKS」

https://vocalotracks.ssw.co.jp/

■ダウンロード販売サイトを利用する

続いて、ダウンロード販売が可能なサイトを利用し、自分の作品に自由に値段をつけて配信する、という方法を説明します。

2017年末から、ジャケットにクリプトンのキャラクターを使用したダウンロード販売がピアプロリンクにおける「非営利と有償」の対象となったため、比較的自由にダウンロード販売ができるようになりました。他社ボカロにつきましては、各社の規約をご確認のうえ自己責任にてお願いします。

なお写真やオリジナルキャラなど、ボカロキャラを使用せず「feat.ボカロ名」等の記載もしないのであれば、オリジナルの音楽作品として自由に販売できます。また、人間がボーカルの作品や、ボーカルのないインスト等も自由に販売できますので、ボカロ曲以外も作る方は有力な選択肢となります。

ダウンロード販売サイトを利用する一番のメリットは、配信料がかからないことでしょう。売上の数%〜数十%は販売サイト側の手数料として引かれますが、残りはそのまま利益となります。

◆「Bandcamp」

https://bandcamp.com

音楽ダウンロード販売プラットフォームの提供サイトとして、インディーズを中心とする世界中のミュージシャンに利用されているサイトです。「SoundCloud」と同様、執筆時点では英語版のみであるため、日本での利用者はコアな音楽好きが多いですが、説明文には日本語も入力できます。

その特徴は2つ。まずは価格設定が柔軟であること。一般的な固定価格での有料配信、無料配信のほか、「いくら以上」「値段自由」というような、買う側に選択権を持たせた設定ができます。「メールマガジンに登録すれば無料」というようなやり方もできるようです。

もう1つの特徴は配信形式の自由さで、MP3からCD音質を超えるハイレゾ音源に至るまで、さまざまな形式のファイルをアップロードできます。

◆「BOOTH」

https://booth.pm/ja

「pixiv」が運営するネットショップ作成サービスです。

同人誌やCDなど物理的に形があるものの頒布・販売もできるのですが、ダウンロード販売機能も同時に提供していますので、同じアルバムのCD版とダウンロード版を同じページで取り扱うことができます。こちらにも設定価格以上の値段で買い手が買える「BOOST↑」機能がついています。

「音楽→ボカロ」のカテゴリが用意されているほか、定期的に「APOLLO」というオンライン上の音系同人イベントともいえるような企画を開催しており、ボカロ曲のアルバム作品が買い手の目につく機会は比較的多いと言えます。

趣味の活動とはいえ、金銭的な見返りはモチベーションのひとつにはなりますし、お金を払ってもらえるような曲を作るということで活動意識も高まるかもしれません。選択肢の1つとして頭の片隅に入れておいてください。

6-4　作った曲をCDやダウンロードカードで頒布する

■CDを制作し、同人イベントで頒布することの楽しさとは

動画サイトへの公開、有料配信に続いては、作った楽曲をCDやダウンロードカードなどのいわゆる「フィジカル媒体」にして、同人イベントで頒布する過程について説明します。有料配信と同様に、ある程度の曲数を作って経験値を積むことで達成できる1つの目標とするのもいいでしょう。

フィジカル媒体制作の主な魅力としては、以下の2点が挙げられます。

◆パッケージ作品として、形に残る

動画サイトも有料配信も、インターネットを通じて音楽データをやりとりするものですが、CDやダウンロードカードはパッケージとして物理的に形があります。リスナーの方の「形として持っておきたい」という願いを叶えられるのはもちろん、制作した自分自身も、自分で作った音楽が具体的に形になったという喜びを実感できます。

また、作品の世界観に合わせて、ジャケット・歌詞カードの装丁や、CD盤面などのデザイン面でも工夫のしどころがあり、より自分の作品を深く表現できるという点も魅力です。

◆イベントを通じて、リアルの場でリスナーや他の創作者と交流できる

Twitterなどで得られる文字でのやりとりよりも、実際にリアルの場で顔を突き合わせて、リスナーや他の創作者と会話を交わすほうがはるかに情報量が多いものです。

作品のデータそのものはコピーできるかもしれませんが、その場で得た経験というものは決してコピーできるものではありません。自分の作品を手に取ってくれる人が確かにいるという実感を持つと、創作に対するモチベーションも上がります。

■CDの作り方

CDの作り方は大きく分けると、次の2パターンがあります。

・CDのプレス事業をやっている業者さんにお願いする
・自分でCD-Rやケースを購入して、パソコンで手焼きし、プリンタでジャケット印刷する

業者にお願いする場合は、さらに大部数を作れる本格的なプレスCDか、少〜中部数に向いているCD-Rコピーという選択肢があります。

筆者はよく「テックトランス」社（http://www.tech-t.co.jp）にCDプレスをお願いしています。他にも同人CDを手がけるプレス業者さんは多数あります。

なお、業者にお願いする場合、ジャケットやCD盤面などの印刷物のデータは、Adobe「Photoshop」や「Illustrator」のようなソフトを使い、入稿に適した形式で制作する必要があります。デザインに関するそれなりのスキルが必要ですので、印刷物のデータ作成は絵師さんやデザイナーの方にお願いするほうがよいでしょう。CDプレス業者が別料金でやってくれる場合もあります。

なおCD音源の入稿に適した形式は、iTunesや無料のCDライティングソフトで、作曲者ご自身で作ることができます。

◆特上：プレスCDの制作を業者にお願いする

【部数：300部〜　予算：8万円前後〜　納期：イベント開催2〜3週間前】

最高のクオリティで作れますが、制作費もかかります。フルアルバムを1,000円で頒布すると仮定した場合、100〜200部ほど頒布すれば元を取れる計算ですので、それなりに実績がある（4桁再生をコンスタントに出せるくらいが目安）か、覚悟を決めて1〜2年間はこのCDを自分の看板にして継続的に同人イベントで活動するんだという方向けです。

◆上：CD-Rコピーを業者にお願いする

【部数：100部〜300部　予算：2〜7万円前後　納期：イベント開催1〜2週間前】

プレスCDほどではないですが、それなりのパッケージが仕上がります。初めての同人イベント参加や、大部数を作るわけではないが手焼きにかかる時間を節約したいという社会人の方、プレスCDでフルアルバムを作った方が後のイベントでシングルを頒布する場合などにおすすめです。

◆並：手焼きCDを作る

【部数：〜100部　予算：〜1万円前後　納期：イベント開催当日朝まで】

CD-RやCDケースを購入し、1枚ずつパソコンにCD-Rを入れてはデータ書き込みを繰り返します。ジャケットや歌詞カードなどの印刷物も、プリンタと用紙があれば作れます。CDの盤面に直接印刷ができるプリンタがあると、頒布物らしさが上がるでしょう。

いかにも手作りというものが出来上がることにはなりますが、出費が材料代とプリンタインクの費用のみですので、安く作れることと、イベントの直前まで長く制作期間をとれるのは利点です。

■ダウンロードカードの作り方

同人イベントでは長いこと、CDが主流のフィジカル媒体として頒布され続けてきましたが、時代の変化とともにCDの再生環境を持たない人も増え続けています。そこで近年注目されているのがダウンロードカードです。

ダウンロードカードの一般的な形式としては、カードごとに異なるシリアルコードが印刷され、専用のサイト上で購入者が入力することで曲をダウンロードできるものとなっています。

CDよりも安価に制作できるため、3曲前後が入ったシングル盤などを頒布する際にも便利です。

◆SONOCA

https://sonoca.net

クリプトンの提供するダウンロードカードです。カード発注時に歌詞を入稿しておくことで、専用スマートフォンアプリ「SONOCA Player」(iOS/Android対応)を通じ、購入者が歌詞を見ながら曲を聴くこともできるのが特徴です。アートワークやアプリの表示画面にクリプトンのキャラクターを描いたものも制作できます。紙カードが100枚14,800円、プラスチックカードが24,800円から。追加料金となりますが、CDを超える音質で配信できるハイレゾオプションも用意されています。

◆conca

https://conca.cc

株式会社バタフライコードが提供しています。SONOCAがどちらかというと音楽に特化したものであるのに対し、こちらはファイルなら何でもOKの自由さが魅力です。しかも配信ファイルが自由に差し替えられるので、カードを発注した後、楽曲自体は頒布の前日まで作り続けるといったことも可能です。料金はカード100枚が15,580円からとなります。

■CDやダウンロードカードの企画概要を固める

◆コンセプトを決める

4-2「自分だけの曲を作るためのコンセプトの決め方」と同じようなイメージで、作ってみたい作品の全体的なコンセプトを決めます。

1つの曲を作るときと違うことは、アルバムは複数の曲が収録されるため、曲順なども見せ方として重要な要素になるということです。既存曲をどう並べるか、新曲は何曲くらい作らなければならないか、といったことを考えていきます。例によって「告知の際にひとことで言えるようなキャッチコピー」を考えると、自分自身のやりたいことが見えてきます。

なお、CD1枚分に入る曲の長さは74分が目安ですので、たくさんの曲を入れたい場合はその部分も頭に入れる必要があります。ダウンロードカードにもアップロードの総容量に制限がある場合がありますので、事前にご確認ください。

◆仕様

タイトルの候補や、業者に頼むのか手焼きか、大まかな発行部数、歌詞カードの大まかなページ数、イラストやデザインの方向性など、細かいところを決めておきます。

◆広報手段

Twitterなどの告知のほか、特設Webサイトの制作、クロスフェード動画（全収録曲を数十秒程度切り取って、順番に紹介する動画）の公開など、複数の広報手段が考えられます。

◆協力者

印刷物の制作を絵師さんにお願いする場合は、早めに依頼しておきましょう。

絵師さんとは別にデザイナーの方がいるととても心強いです。歌詞カードへの文字配置、タイトルロゴの作成、入稿形式データの制作、ポスターなど宣伝資材の制作など、デザイナーの活躍する場はとても多くあります。

また、特にコンピレーション作品に多いのですが、マスタリングを別の方にお願いする場合もあります。

◆スケジュール

作る新曲の数などから逆算して、どの同人イベントで作品を出したいかを決め、それに合わせて制作スケジュールを組みます。突発的な作業やリアルの状況の変化、メールのやりとりなどに使う時間を考慮して、余裕を残した日程を組みたいところです。

◆予算

絵師さんなど、関係者への謝礼については、「黒字が出たら後から分配する」「一定額の謝礼をする」「打ち上げ代を負担する」「無償、完成した作品のみ」など、いろいろな決め方があります。

どちらかと言えば、内容そのものよりも、その内容について当事者同士で事前に合意が得られていることのほうが重要です。

■参加する同人イベントを決めて、サークル参加を申し込む

◆VOCALOIDオンリーイベント

ボカロ曲を収録したCD・ダウンロードカードや、VOCALOIDのキャラクターやボカロ曲に登場するキャラクターがテーマの同人誌、グッズなどを頒布する、VOCALOIDに特化した同

人イベントです。

その草分け的な存在が、1-5「DTMとVOCALOIDの歴史」でも紹介した「THE VOC@LOiD M@STER」、通称「ボーマス」です。ボーマスは、東京・池袋のサンシャインシティ、もしくは千葉の幕張メッセ（「ニコニコ超会議」内での開催）で開催されることが近年は定番となっています。

東京以外でも、VOCALOIDオンリーイベントは数多く開催されています。ケットコムのイベント検索ページ（http://ketto.com）で「ボーカロイド」と検索すると、各地で開催されているVOCALOID関連のイベントが出てきます。そこから各イベントの告知ページへも飛べます。

◆特定のキャラクターオンリーイベント

VOCALOIDの中でも、特定のキャラクター（鏡音リン・レン、結月ゆかりなど）を特集したオンリーイベントもあります。

VOCALOID全体のオンリーイベントよりも小規模で、これぞ同人イベントというアットホームな雰囲気が残っていることもあります。

◆オールジャンルイベント

あらゆるジャンルの創作を対象とした同人イベントです。その代名詞とも言える存在が、年2回、お盆と年末の時期に東京ビッグサイトで開催される「コミックマーケット」（通称「コミケ」、https://www.comiket.co.jp）でしょう。サークル参加数、一般参加の人数ともに、他とは比べ物にならない規模です。

ただし、お盆開催のものは2月、年末開催のものは8月にサークル参加の申込期限が設定されているうえに、オンライン申込をする場合でも紙の申込書（コミケ会場か通販で入手できる）が必要ですので、早めの行動を心がけましょう。また、参加サークルが多数のため、毎回抽選があり、必ずしも参加できるわけではありません。

コミケ以外のオールジャンルイベントも数多く存在します。地元で開催されるイベントがあれば申し込んでみるのも面白いでしょう。

◆音系同人イベント

VOCALOIDに限らず、人間ボーカルやインストによる音楽作品、音声作品など、音をテーマにした同人を対象にしているイベントです。代表的なものに、年2回東京で開催される「M3」（http://www.m3net.jp）があります。多くの場合、春は4月下旬～5月上旬、秋は10月下旬に開催されます。近年は同人音楽をやるサークル数の増加に伴い、コミックマーケット同様に抽選が行われることもあります。イベントの特徴として、じっくり音源を試聴して購入を決める参加者が多いことが挙げられます。新しいリスナーとの出会いが見つかるかもしれません。

ボカロ以外の同人音楽で活動されている方は、お盆と年末に開催されるコミックマーケットと、春と秋に開催されるM3に参加という組み合わせでローテーションを組んでいる方が多い印象です。

イベントの申し込みにあたっては、多くの場合「サークルカット」(頒布物の説明やアピールを行うための画像)が必要になります。イベントごとに提出サイズなどが独自に決まっています。ロゴや文字中心でも大丈夫ですが、アートワークを担当する絵師さんが決まっていれば、その方に絵を描いてもらうのもよいかもしれません。

参加費はイベントにもよりますが、だいたい3,000～6,000円程度が一般的です。コミケのみ1万円弱と、少し高めに設定されています。

■同人イベントに関するお約束

同人イベントは、「同じ趣味を共有している友人同士が、ごく個人的に作ったものを交換しているだけの集まりである」という建前のもとで成立するイベントです。だからこそ「販売」ではなく「頒布」、「客」ではなく「参加者」という言葉が使われています。

頒布物に価格がついているものもありますが、それは「お金を使って頒布物を作ってくれた作者に感謝して、原材料程度の対価を謝礼として渡している」ということなのです。

ちなみにこの「同じ趣味を共有している友人同士」というのが本来の意味での「同人」です。そこには、参加者同士の尊敬、リスペクトの念が込められています。

もちろんこの理念は建前上の話であって、実態はそうではなくなっている場合も多々あります。コミックマーケットは50万人が来場する一大イベントであり、とても特定少数向けとは言えない状況となっています。

さらにボーマスの場合は、企業のサークル参加もOK、メジャーレーベルから発売された作品も作者本人が頒布するかぎりは問題ないということになっています。実際に、本書の第一版もボーマスで筆者自ら頒布いたしました。VOCALOIDの発売元各社の社長が普通にボーマス会場に訪れるなど(これは一般的な同人イベントではほぼあり得ない光景です)、参加者とは良好な関係を維持しています。

そのためやや商業的な性格も帯びたイベントではありますが、それでも参加者同士が支え合ってイベントが成立しているという「同人イベントとしての原点の理念」は、サークルの向こうに立つ人も、一般参加する人も、忘れてしまうことのないようにしたいものです。

同人文化に関しては、元からアニメやゲームに触れる機会が多い方や、音楽以外の創作をしている方にはなじみのあるものかと思いますが、例えばインディーズの音楽文化に近いポジションでボカロ曲の創作に興味がある方ですと、あまりその“文法”に触れた経験がない方もいらっしゃるのではと思います。

同人文化は一種独特なものであり、「そこは分かるよね？」というような不文律のマナーも多いので、戸惑う方もいらっしゃることでしょう。

同人シーンにおける用語や文化、マナーなどに関しては、「同人用語の基礎知識」というサイトが昔から有名です。特に、「同人」「著作権」「二次創作/二次創作物」の項目には、1度は目を通しておくのがよいと思います。

▼「同人用語の基礎知識」(喫茶《ぱらだいす☆あ～み～》)

http://www.paradisearmy.com/doujin/

■スケジュールに沿って頒布物を制作する

無事同人イベントに申し込んだら、先に練った企画概要に沿って実際に作品を制作することになります。収録曲を書きためていきましょう。締切が近づいてきたら、全曲を改めて聴き直し、1曲ずつマスタリングを行います。ダウンロードカードであれば、WAV音源をそのまま制作業者に入稿するだけですが、CDを制作する場合は、「iTunes」やCDライティングソフトを使って入稿形式のCD音源を制作しておく必要があります。

並行して、ジャケットや歌詞カードなどのアートワークの制作も行います。この際、曲の歌詞が早めに完成していると、歌詞カードのデザインがスムーズに進みます。

見事音源とアートワークの両方が完成したら、手作りの場合はCD-Rとプリンタで地道に作りますが、それ以外の場合は通常CDプレス業者やダウンロードカードの制作業者に制作を依頼します。ボーマス、コミケ、M3などの大きなイベントの場合は、制作業者が通常とは別の締切日を設けていることがありますので、必ず事前にWebなどで確認しましょう。それ以外でも、締切日の確認と見積りの依頼は前もってやっておきます。

大きなイベントでは、プレス業者が直接イベント会場に搬入してくれる「直接搬入」をしてくれることがあるので、対応している場合はそれを活用します。そうでない場合は、家から送る荷物と同じように宅配便での搬入となりますので、後述のサークル参加案内を見て、送り先などの情報をプレス会社に伝えます。

手作りの場合は、前日夜に作って当日手荷物として持っていくなど、ギリギリまで作業できるのがメリットです。徹夜明けの眠い状態で参加してしまうのはあまりおすすめできませんが……。

■同人イベント事前準備

多くの同人イベントでは、開催数週間前までに、サークル参加案内が郵送で届きます。郵送物が揃っているか確認し、注意事項に必ず目を通しておきます。宅配便での搬入のやり方、送り先、日程も普通はここに書かれています。

事前に、新譜の告知Webサイトや、クロスフェード音源・動画、当日頒布物の一覧表などを制作し、周知を図ります。CD本体の制作がギリギリになると、この作業も自動的に後ろにずれていってしまうので、余裕のあるスケジュールを心がけましょう。

1サークルにつき、ボーマスでは2枚、コミケやM3では3枚のサークル入場証が支給されます。当日スペースのお手伝いをお願いする、いわゆる「売り子」の方には早めに声をかけておきましょう。コミケの場合は規模が大きすぎるので、事前に売り子に入場証を郵送し、各自入場することをおすすめします。その他のイベントでは現地集合したその場で売り子に入場証を渡して入場してもかまいません。

最後に、当日の持ち物を揃えます。テーブルクロス、ガムテープ、カッター、お釣り用の現金はほぼ必須です。名刺や名札を作って持っていくのもいいでしょう。もちろんサークル入場証も忘れないでください。

●同人イベント参加準備用チェックシート

事前準備
□売り子の手配、当日待ち合わせ調整
□当日の頒布物を宅配搬入する

宅配搬入するなら一緒に送っておきたい
□テーブルクロス
□スタンド類
□コインケース
□ガムテープ
□カッター
□スケッチブック／ノート

事前準備（遠征の場合）
□交通手段の手配（高速バスや新幹線）
□宿の手配
□ノートパソコン（あれば便利）
□着替えなど、宿泊道具一式
□眼鏡ケース（高速バス移動の場合）

前日準備（コミケの場合）
□食料品
□飲み物（夏コミの場合、1.5Lほしい）
□タオル（夏コミの場合）
□見本誌提出シールへの事前記入
□参加カードへの事前記入

前日準備
□名刺
□名札
□値札
□ポスター
□現金（お釣り用）
□筆記用具
□サークルチケット
□カタログ（事前に購入した場合）
□サークルのチェックリスト
□試聴機（iPodやCDプレイヤー他）
□試聴用音源
□イヤホン、ヘッドホン
□携帯充電器
□関係者への謝礼
（新作を出した際など。ある場合）
□領収書（同上、現金等で渡す場合）
□宅配搬入した場合は、その伝票
□返送用の着払い宅急便伝票
（あらかじめ書いておくほうが楽）

■同人イベント当日・参加後に心がけること

先ほど書いた通り、同人イベントはその場にいる全員が「参加者」であり、「客」はいません。「販売」ではなく、「頒布」という言葉を使います。個人的には「いらっしゃいませ」も客に呼びかける言葉という解釈をしており、使わないようにしています（「こんにちは」とか「どうぞご覧ください」と呼びかけることが多いです）。

あとは、スタッフの指示に従う、大声で客引きをしない、隣のサークルに迷惑をかけない（スペース前に身内が団子になるような状態は避ける）、スペースに誰もいない状況は極力避ける……など、常識的な行動を心がければ大きな問題は起きないと思います。

またサークル参加後、翌日以降は返送された宅配便の中身を確認して、作った作品の在庫数をExcelなどの表で管理しておくと後々便利です。売上が大規模になった場合、確定申告の手続きを行う必要も出てくるからです。

6-5　ネット上での活動方法、クリエイターの振る舞い方

■クリエイターの現実

クリエイターの活動は、作品を投稿したらそこで終わりではありません。作った作品をいろいろな方に知ってもらうため、また次の作品につなげるため、継続してネット上での活動を行っていくことをおすすめします。

VOCALOIDシーンにおいては、どうしてもメジャーで活躍している方や、ライブで演奏される曲の数々などの華々しい世界が目立ちますが、実際はその裾野を支える無数のクリエイターが存在します。

例えば「ボカロPの名前を100人言えます」という方は、リスナーとしてはかなりの通になるかと思うのですが、ニコニコ動画でボカロ曲を投稿した経験のある方は実際には1万人以上いらっしゃいます。1万人のうちの100人に入って覚えてもらうのはなかなか大変なことです。2011年の集計データですが、「5,000再生以上のボカロ曲は全体の5%しかない」というデータを提示した動画も存在します。

▼「Vocaloid界の厳しい現実を数字で見る動画【司会：結月ゆかり】」（ニコニコ動画）
https://www.nicovideo.jp/watch/sm16578814

そこでDTM初心者にとっての命綱となるのが、継続的な交流・宣伝活動というわけです（自分だけや身内で楽しむ場合を除く）。いい曲を作るのはもちろん重要ですが、そのいい曲を必要な人に届けることも同じくらい大事です。

■クリエイターの交流・宣伝手段

◆Twitter

https://twitter.com

DTM愛好者、ボカロPなどの交流手段として、現在最も広く普及しています。制作した作品を宣伝するほか、気になる制作者をフォローしたり、楽曲を聴いてくださったり、CDを購入してくれたリスナーと交流するなど、さまざまな用途に使われています。

◆自サイトもしくはブログ

Twitterだけでは一度告知した内容などがどんどん流れていってしまうので、補完的に自分

のWebサイトもしくはブログも作っておくとよいかもしれません。

長期的な活動を記録できるようになりますし、告知をするのにも便利です。楽曲の二次利用に関するポリシーも自サイトに書いておくと、無用なトラブルが減ることも期待できます。

◆メールアドレスの公開

Twitterでもフォロー関係のない方からのダイレクトメールを受け取る設定ができますが、可能であれば、誰もがクローズドで送れるメールアドレスの連絡先は用意したいところです。

楽曲使用やコラボレーションの相談のほかにも、例えば商業案件の仕事依頼のような外部からの連絡を受けるためにも、メールアドレスは必要です。GmailやYahoo!メールなどが作りやすいでしょう。

◆その他のSNS

Twitterと似た交流システムで、個人レベルでも技術知識があれば立ち上げられる「Mastodon」（マストドン）というシステムを使ったSNSでは、その趣味の同好者が集う、Twitterよりは小さい規模ながらも濃い交流ができる場所が多いです。日本の創作関係としては、pixivが運営する「Pawoo」（https://pawoo.net）や、ドワンゴが運営する「friends.nico」（https://friends.nico）が特に知られています。Vocalodon（https://vocalodon.net）など、ボカロ関係の有志が立ち上げたものもあります。

Facebookの個人アカウントは本名が原則ですが、「Facebookページ」はハンドルネームでも作れるので、海外のリスナーの方とはFacebookページで知り合えることもあります。

同じようなことがLINEでもできます。「LINE@」というアプリを使えば、公式LINEアカウントと同じような感覚でファンと交流できます。

あまりあちこちのSNSに手を広げたくない場合は、YouTubeの動画ページや、ピアプロの楽曲公開ページなどに直接コメントを書いてファンと交流するというやり方もあります。

◆定期支援サービス

2018年より注目を集めるようになったのが、pixivFANBOX（https://www.pixiv.net/fanbox/）やファンティア（https://fantia.jp）など、ファンが一定の月額料金を支払うことでクリエイターとより濃い交流をできる仕組みを実現した「定期支援サービス」です。月額料金はクリエイター側が自由に設定でき、例えば制作秘話や未公開の新曲などを定期支援してくださるファン向けに提供する、という具合です。

自分の活動スタンスや性格によって合う・合わないはありますが、ある程度の人気を得たと感じたら検討してもいいサービスのひとつです。

■作品を見てもらうための工夫

動画サイトや音楽投稿サイトなどに公開するにあたり、ネット検索などでヒットしやすくしたり、閲覧者に「おっ？」と思わせたりするような、見てもらう工夫は必要です。YouTubeの場合、おすすめ欄からどれくらいの割合で人が来たかというデータが、おすすめ欄にもっと多く表示するための判断基準のひとつになっているとも言われています。

◆タイトルにボカロキャラの名前や、作者名などを入れる

まずは作品タイトルです。曲名だけだと、「ボカロ曲だから」「○○というボカロが歌っているから」聴くという層に検索でたどりつけず、アプローチすることができません。ボカロ名、また作者名も入れておくと良いでしょう。

また文字数に余裕がある場合は、英語もしくはローマ字でもタイトルを併記すると、海外の方に見てもらいやすくなります。

逆に閲覧者を絞り込みたい時は、意図してタイトルのみというシンプルな表記にするというやり方もあります。

◆サムネイルを工夫する

サムネイルとは、おすすめ欄や動画一覧などで表示される、動画の「顔」とも言える画像のことを指します。YouTubeとニコニコ動画（プレミアム会員のみ）では、好きな画像を動画のサムネイルとして設定できますので、画像編集ソフトやアプリなどを駆使して人の目を惹きつけるものを作ってみましょう。

どのようなサムネイルが目立つかはYouTuberが上げている動画などを見て参考に作ってみるのがいいかと思いますが、楽曲動画の場合は芸術作品ですので、単純に目立つ以外の「作品の世界観」を感じさせるものにできればベストです。

◆タグをつける

ニコニコ動画の場合、タグをもとにリスナーが動画を探すことが多いため特に重要です。作者名、「初音ミク」などのボカロ名のほか、「ミクオリジナル曲」などオリジナル曲であることを示すタグ、「ミクノポップ」のように特定の音楽ジャンルのボカロ曲につけられるタグもあります。

YouTubeでも、タグの整備により検索にかかりやすく、おすすめ欄に表示されやすくなる効果もあると言われています。

◆動画説明文を整える

説明文には以下のことを書くことが多いです。作品を気に入った方に、SNSのフォローや新譜のお知らせなどへの道案内を作るようにします。

・曲の特徴や印象的なキャッチフレーズ
・作詞／作曲／イラスト制作者が誰かを記す、クレジット表示
・MP3などの投稿先や、ストリーミングサイトなどの配信先のURL
・告知（新譜のリリース、イベント参加）など
・TwitterなどSNSのURL（アカウント名）

◆その他

YouTubeでは、ジャンルごとやボカロの種類ごとに自分の曲をまとめた「再生リスト」を作ると、そこから連続的に再生してもらえる場合もあります。その他、ユーザーを誘導するさまざまな機能が用意されています。

ニコニコ動画では「ニコニ広告」という仕組みがあり、平たく言えばお金（ニコニコポイント）を動画に投入することで、より多くの場所に表示されたりランキングが上がったりする宣伝システムです。「この作品が必要な人」以外にも作品が届いてしまうミスマッチが起こるリスクはありますが、自信作やどうしても色々な人に見てもらう必要のある動画が完成した際は、検討する価値があります。

■ネット上で注意すべき振る舞い方

ネット上で音楽に限らず創作活動を行う際は、趣味といえども（むしろ仕事ではない趣味だからこそ）、ひとりの作家・クリエイターとして他人より信頼される行動を心がけたいものです。ここでは、そんなクリエイターの振る舞い方について、過去の経験や反省も込めつつ考察をしていきたいと思います。

動画サイトへの投稿をメインに活動する場合、絵師さんや動画師さんらとコミュニケーションを交わす機会もあるでしょう。また、活動していくうちに、歌い手さんや演奏家、リスナー、他のPなどとの交流も出てきます。そんな中では、継続的に活動することで得られる「信頼」というものは非常に大事です。

ネットという公開の場に出ると、クリエイター以前の問題として、年齢などは関係なく社会人としての対応が自然に求められます。一度設定した締切などの約束は守る、コラボ相手からの連絡にはこまめに返信するなどの積み重ねで少しずつ信頼が得られるようになっていきます。

Twitterやブログなどで意見を発信するときは、そのリスクを一度立ち止まって考えてからにしましょう。はっきりとした意見や極論は、熱心なファンを生み出すと同時に、反発する人も生みます。

これは良い悪いというよりは自身の活動方針としてどう考えるかという話で、「炎上も上等、ぶれない意見を持つアーティストでやっていくんだ」というなら尖（とが）ってもいいでしょうし、「他

の人との和を大事にして活動するんだ」というならやっぱり配慮は必要だと思います。

ただ他の作品やクリエイター、ファンなどを根拠もなくおとしめるような発言は、オブラートに包んでいても必ずその悪意が周りには漏れ出て見えます。他人は思った以上に敏感に察知し、知らないうちに周りの信頼を失うことにつながりますので気をつけましょう。

また、情報の取捨選択にも注意が必要です。とりわけ災害時などの緊急時に問題となるのが、デマを拡散してしまう行為です。単にリツイートしただけであっても、ファンはあなたを情報源として捉えます。また、感情的なツイートや極論の拡散も波紋を広げる可能性があります。ツイートした人のホームなどもできるだけ見たりしながら、一歩立ち止まって考えてみることも大事です。

■活動パターン別の注意点

ネット上での音楽活動は、大きく分けて2つのパターンがあります。

1つが、**「普段は社会人をしており、ネットでは素性を隠して活動している」**パターン。同人活動の延長として考えている場合です。

そのような人は、**普段から個人情報がある程度わからないようにする工夫**は必要かもしれません。自分にはリテラシーがあっても、他人にもあるとは限らないからです（友人が言いふらす可能性など)。

積極的にハンドルネームや自身の作品そのものでリスナーに覚えられるようにコントロールしつつ、ある程度普通の人としての生活のこともTwitterやブログなどで書くと親しみが持てるとは思うのですが、写真などから想定外に場所が特定されたりもしますので、普段から情報公開には慎重になることを心がけましょう。

もう1つは、**「創作活動に特に後ろめたさはないので、普通に素性を公開して活動している」**パターン。バンド活動と同じように考えている場合です。

この方針の人で注意すべきは、**「揉めごとをネットという公開の場に持ち込まない」**ことです。リスナーも周囲のコラボメンバーも幸せになりません。何か不満があった場合は、まず拡散するのではなく、直接当事者とLINEやSkype、顔を合わせての会話など、クローズな環境で話し合ってみることが重要です。

ネットがリアルの場と違うのは、一時的な発言がいつまでも残ることです。変なトラブルを起こしてしまったために就職活動などに影響が出てしまっては目も当てられないことになります。

ほかにも、両方のパターンに共通しますが、ネットでの信頼が大事といえども、あくまで兼業の人はリアル（仕事や学校）優先の活動を心がけましょう、といったところでしょうか。

Twitterでは、仕事中や授業中の宣伝ツイートを、自動投稿のできる「twittbot」(https://twittbot.net）などのツールに頼る方法もあります。やり方を間違えると批判を受けることもある定期ポストですが、あえて人間がツイートしないことがよい場合もあると思います。

■エゴサーチについて

「エゴサーチ」とは、自分自身のハンドルネームや、自分自身に関連する言葉（例えば曲名など）をキーワードにして、GoogleやTwitterで検索を行い、自分の活動に対する世間の反応を確認することです。ネット上で創作活動をしている人は、案外みんなやっています。

特にTwitterにおいては、発言がアカウントに紐付いており、検索の精度もかなり高いため、自分の作品はどのような属性の人に関心を持たれているのかがわかります。それをもとに次の作品をどうするのかという戦略を考えてみたり、その人をフォローすることで情報収集やコミュニケーションを楽しんだり、新たなコラボレーションのきっかけになったりするかもしれませんので、エゴサーチには大きなメリットがあります。

■エゴサーチをしやすい環境を整える

P名（ハンドルネーム）や曲名は、他の方と“かぶらない”ものにしましょう。

とりわけ、知名度の高いボカロ曲と曲名がかぶっていたりすると、曲名で検索してもそちらのほうばかり引っかかってしまうばかりか、特にニコニコ動画ではその気がなくても**「他のボカロ曲を知らない人」**というような扱いをされる恐れがあるので、タイトルを決める際は必ずそのタイトルと使用ボカロ名で事前に検索することをおすすめします。

これまでの音楽であれば、曲名が他のアーティストとかぶったところでまったく関係ないですし、大きな問題は発生しませんでした。しかし、ボカロ曲という枠の中では、一緒とみなされてしまいます。これは「ボカロ曲ならとりあえず聴いてもらえる」の裏返しとも言える現象です。

6-6　オリジナリティとは何か

■オリジナリティとは、既存の要素をいかに自分らしく組み合わせるか

我々は自分で作った曲のことを「オリジナル曲」と称して発表しますが、「そもそもオリジナルとはなんだろう」ということを考え始めると、なかなか厄介なことになります。

ピアノの88音を組み合わせて作るメロディには、ある程度気持ちよく聴こえる法則性が確立されています。編曲も、今からまったく新しい音楽ジャンルを生み出すのはなかなか難しいでしょう。とりあえず身もフタもないことを言ってしまえば、**「人間はこれまで聴いた曲を元にしか曲を作れない」**のです。

とはいえ、既存のメロディや歌詞をそのままコピーしただけではカバー曲という扱いであり、さらにそれを自分のオリジナルだと言って発表してしまったら、いわゆるパクリや剽窃(ひょうせつ)行為になります。では、それらとオリジナル曲の差はどこにあるのでしょうか。

『アイデアのつくり方』（ジェームス・W・ヤング著、CCCメディアハウス刊）という、1965年に原著が出版されたビジネス書の古典があるのですが、その本でヤング氏は**「アイデアとは既存の要素の新しい組み合わせ以外の何者でもない」**と述べています。

既存のメロディや編曲、歌詞そのものではなく、その曲という表現の奥に隠れた「思想」をコピーして、引き出しとして自分のものにするのです。そうすると次第に、こういう表現をするには、このジャンルでこんなイメージのメロディを組み合わせればよいという判断ができるようになります。

意識的に「思想」をコピーするためには、自分の好きな曲が、どのような意図があってこの歌詞やメロディになっているのかを考察したり、その歌詞のどこが好きなのかを自己分析してみるとよいのではないかと思います。

人間は完璧ではない生き物ですから、元の作品を色眼鏡を通した伝言ゲームのようにエラーを含んでコピーをしていきます。しかしそれでいいのです。DNAが突然変異して新しい生物が誕生するように、その色眼鏡がかかった解釈から生まれた音楽が、新しいオリジナルとして認識されるのです。人間とサルのDNAは98％一緒です。

オリジナリティは、既存の要素をいかに自分らしく組み合わせるかによって出てくるものだと思います。

「自分らしさ」については、4-2「自分だけの曲を作るためのコンセプトの決め方」でも触れ

ましたが、結局はごく個人的な環境の差や経験の積み重ねからしか得られないものです。10人に1人が聴いてきた音楽や、体験した経験を10個集めて組み合わせれば、100億分の1の存在になれます。(ちなみに悪意のある人は、曲の構成要素をわざと1個だけ抽出して「○○に似ている」や「ありがちな表現」だと主張します)

とはいえ、オリジナル曲を作っていると、無意識的に引き出しに入っていたメロディや編曲をそのままコピーしてしまっているのではないかと怖くなるときもあります。不安はないと言ったら嘘ですが、それは覚悟を決めて出すしかありません。

一応その対策として、自分の中からメロディがあっさり出すぎた場合は、iOS/Androidアプリの「SoundHound」を使っています。本来は街で流れた知らない曲を検索するためのアプリですが、鼻歌でも検索できるので、自分が思いついたメロディが既存曲ではないこと検証に使えるというわけです。

ちなみに、ここに書いたような筆者の思いを代弁するような本がありますので紹介します。マキタスポーツ氏の『すべてのJ-POPはパクリである　——現代ポップス論考』(扶桑社刊、2014年)です。この本は、近年のJ-POP楽曲をかたちづくる構造や背景を音楽的・文化的に分析していき、最終的に日本のポップソングはすべて元ネタをその人なりに解釈した「ノベルティ・ソング」だから、パクリ論争などバカバカしいし、またアーティストは大前提として良きリスナーであり、批評家でなくてはならない、という結論に達するという内容となっています。理論展開が明快でわかりやすいので、読んでみると面白いと思います。

補足すると、私はカバー曲やアレンジ曲と、完全オリジナル曲の間に表現としての優劣はまったく存在しない(決められない)と思っています。リスナー側から見たら、目の前の曲とそれに付随する情報から判断した好きか嫌いかしかありません。既存の要素を借りることで、かえって自分らしさを出す表現に専念できるということもあります。

6-7　曲を作る時間の作り方　――タイムマネジメントを考える

■「曲を作る時間がほしい」という万人共通の悩み

本書で述べてきたような曲の作り方を紹介すると、主に社会人の方から「曲を作る時間がほしい」という反応を頂くことがあります。

創作活動は楽しいものですが、社会人は仕事、学生の方は学業やアルバイト、主婦の方でも日常の家事やパートといった本業があります。そういった中で活動を行うのは、やはりなかなか大変なものがあります。

そこでこの節では、「時間の作り方」について考えます。作り方といっても、誰もが1日24時間という平等な時間を与えられており、残念ながら任意に時間が増やせるというものではありません。自分が抱えていることを把握して、限られた時間を計画的・効率的に活用しようという意味です。世間では「時間管理」や、「タイムマネジメント」「タスクマネジメント」と呼ばれています。

筆者は、夏休みの宿題を8月31日まで引き伸ばすタイプの典型でした。そんな私がまともに物事を計画的に進めることを意識しはじめたのは、おそらく大学受験勉強の時だったと思います。教科書のページを夏休みの日数で割って、毎日○ページまでは進めるという初歩的なものでしたが、ほぼその通りに進めていき、無事に合格することができました。

本格的に時間管理に取り組んだのは、社会人になってからだと思います。もともと社会人の仕事は、たくさんの締切や約束を抱えつつ、事務や制作をこなすものであり、否応なしに取り組まなければならないという事情がありました。

とはいえ、今も自分の時間管理について、とても完璧であるとは言えない状態です。読者の方がこの文章を読んでいるということは無事に本を出せたということですが、最後までスケジュールに追われながら本文を書き続けるという状態が続きました。

しかし、いろいろな方法を試行錯誤した経験は、皆様にお伝えすることができるかもしれないと考え、この記事を書くことにしました。皆様の曲作りや、それ以外の趣味や仕事などにも役立てて頂けたら幸いです。

■「時間がない」とは、どのような状態か

激務や研究などで毎日深夜帰り……という、物理的に本当に時間がない状態もありますが、

そうでないときも我々は常に何かに追われているように感じることがあり、ついつい「忙しい」という言葉を使ってしまいます。

その漠然とした「時間がない」感覚を振り払うためには、なんとかして“追われていると感じる何かの正体”を洗い出して解き明かす必要があります。現状や抱えているタスクの総量を、ある程度まとまった形で見通すことができて初めて、適切な行動をとれるようになります。

その「適切な行動」も、自分がどれくらい時間を使えて、各作業にどれくらい時間がかかるかが分からないと、うまくスケジューリングできません。ちゃんとした計画を立てたつもりが、体がついて行かずに先延ばしという経験は皆様もあることと思います。

また、タスクは、締切の有無や、自分がやりたいことかどうか、などで重要度が変わってきます。実は今すぐやらなくても後でやればいいことも多く隠れているかもしれません。それが自分の中で分かっていないと、何がいったい「適切」なのか、判断がうまくできない事態が起こります。

例えば、目の前に蕎麦(そば)が山盛りに盛られていて、冷蔵庫の奥にも眠っているかもしれないとします。これは自分の胃に対してどれくらいの量なのか、完食できるのか、すぐには分かりません。

しかしこれが「わんこそば30杯分」などと分かりやすい数字でもって小分けされている場合、「とりあえず5杯くらい食べてみる。この調子なら自分の胃袋を考えると、15杯は行けそうだ。残りは夜食に回そう」というように、いろいろなことが事前に計画できることになります。

さらに、そもそも自分が食べたかったのが蕎麦ではなくラーメンだったならば、目の前の蕎麦をすぐ食べるという行動にはならない可能性があります。「蕎麦の賞味期限にはまだ時間があるから、今日はラーメン屋に行こう」という選択肢もまた正解になるわけです。

これらのことを踏まえると、「時間がない」の正体は、以下の4つに分解することができるのではないかと思います。

① 抱えているタスクがどれくらいあるのかを分かっていない
② 自由に使える時間がどれくらいなのかを分かっていない
③ 作業にかかる時間がどれくらいなのかを分かっていない
④ 各タスクの重要度や、自分のやりたいことが分かっていない

これらをそのまま裏返すと、「時間がない」と上手く付き合う4つのポイントということになるでしょう。

① 抱えているタスクがどれくらいの量なのかを把握する
② 時間をいまどれくらい使えるのかを把握する

③　作業にだいたいどれくらいの時間がかかるのかを把握する、見積もる

④　上記の情報から、やるタスクとやらないタスクを決める

ただ悲しいことに人間の処理能力には限界があり、残念ながらやりたいこと全部をできるわけではありません。それは①で追われているものの正体を解き明かしたときに自覚することになります。人間の無限の欲望と、ついていかない体とのギャップにいったんは絶望します。

しかし、そのギャップを自覚することで初めて、意識的に実行することと、あえて捨てるものを仕分けられるようになるのです。

■時間管理のポイント①　抱えているタスクがどれくらいの量なのかを把握する

それでは、時間管理に必要な4つのポイントを順番に見ていくことにしましょう。順番にといっても、これらのポイントにはある程度の関連性もあるので、作業を進めながら他のポイントも少しずつ明確に見えてくることもよくあると思います。

自分が抱えているタスクを把握するために、現在筆者は「GTD」をベースにした方法を使っています。

「GTD」という言葉は「Getting Things Done」の頭文字で、「頭の中の気になることをすべて頭の外に追い出し、信頼できるシステムに預けることにより、仕事の実行のみに集中できる」という思想に基づいて提唱された仕事術です。主に知識労働と相性が良い仕事術とされているために、一時期IT業界内で流行しました。音楽制作を初めとする創作活動も一種の知識労働（知識趣味？）ですから、相性は抜群といえます。

『はじめてのGTD　ストレスフリーの整理術』（原著は2001年、初の邦訳は2008年。二見書房刊）、『ひとつ上のGTD　ストレスフリーの整理術 実践編』（原著は2009年、邦訳は2010年。二見書房刊）の2冊が、提唱者のデビッド・アレン氏自らが執筆した本家です。翻訳はよいのですが、やはりビジネス書ですので、少し堅苦しい部分が残っているのは確かです。ここではごく簡単に解説します。より詳細で正確な解説は上記の本を読むか、下記の参考URLをご覧ください。

▼「Getting Things Done（GTD）まとめ」（ITmedia・誠Biz ID）
http://bizmakoto.jp/bizid/gtd_index.html
※筆者がGTDの存在を知ったきっかけの記事です。

GTDは「ものの考え方」ですので、そのために使う道具は何でもかまいません。紙や手帳とペン、ふせん、物理的な棚や箱でもできますし、「Evernote」（https://evernote.com）や「Googleカレンダー」などのWebサービスやアプリを使って、パソコンやスマホ上で進めることもできます。

筆者は他のアプリも併用しながら「Evernote」をGTDのためのメインツールとしています。これは高性能のメモアプリで、「ノートブック」(フォルダ分けのようなもの) や「タグ」を通じて「ノート」(ひとつの単位のメモ) を管理できます。データはネット上に保存され、パソコンやスマホアプリから自由に参照できます。他のアプリとの連携手段も豊富に用意されています。

GTDの話題に戻り、具体的なやり方について説明していきます。GTDは、以下の5つのステップを1サイクルとして、1週間などの一定期間を設けて繰り返し行うことで機能します。

A. 収集：頭の中にあることを全部書き出す
B. 見極め：書き出したことを分類してリスト分けする
C. 整理：リスト分けしたものを、手帳やアプリに転記する
D. 実行：転記した行動を実行する
E. 見直し：以上のことを、一定期間ごとに定期的に見直す

初回の作業には3〜5時間くらいかかります。この時間をひねり出すのが第一関門になってしまいますが、今まで放置してきたツケを一気に大掃除するので、どうしてもこの作業自体に時間がかかってしまうのは仕方がありません。休日の午後などにじっくり時間と集中力をとってやってみることをおすすめします。順調にサイクルが回れば、そのあとは1週間につき1〜2時間くらい取り組むことで維持できるようになります。

◆A. 収集（頭の中にあることを全部書き出す）

大きな段ボール箱などをひとつ用意し、身の回りで「気になるもの」「整理されていないと感じたもの」を全部そこに突っ込みます。この「未整理のものを突っ込むための箱」を「INBOX」と言います。

動かしづらくて物理的に突っ込めないもの（例：カーテンが汚れている、など）は、それをメモ用紙に書いて、メモをINBOXに突っ込みます。パソコン上で整理されていないと感じたファイルは、適当な場所に「INBOX」という名前のフォルダを作って、そこに全部突っ込みます。

次に、頭の中でいま気になっていることを書き出します。メモ用紙やノートなどの紙に書き出す、パソコン上にテキストファイルを作ってそこに書き連ねる、Evernoteに「INBOX」という名前のノートブックを作ってそこに1個1ノートで書き出す、などの方法があります。やりやすい方法でかまいません。

作曲のこと、仕事のこと、プライベートのことなど全て見境なく、ごちゃまぜでとにかく思いついたもので紙を埋めます。出し切ることが大事ですので、この段階で「何をしなければならないか」を考える必要はありません（「B. 見極め」「C. 整理」でやります)。

「シャーペンの芯を切らしている」という小さなものから、「日本の将来」のようなやたらスケールの大きいものまでとりあえず「気になること」であれば全部書きます。同じものを2回

書いてもかまいません。

ここで煮詰まったら、気になっていることを思い出すためのヒントになる、「トリガーリスト」がネット上に公開されているので、それをご覧ください。「書かなくてはいけないメールがありますか？」「行ってみたい国はありますか？」などの項目が並んでいます。

▼「GTDに役立つトリガーリスト」（ITmediaエンタープライズ）
http://bizmakoto.jp/bizid/articles/0607/14/news064.html

この作業を、頭が空になるまでやります。「気になること」が少なくとも3ケタは確実に出てくるはずです。

◆B. 見極め（書き出したことを分類してリスト分けする）

「A. 収集」で書き出したことに、正面から向き合う作業です。INBOXからひとつずつ物やタスクなどを取り出して、それを図の判断基準にしたがって分類します。これをINBOXが空になるまで行います。

●書き出したことを分類してリスト分けする（『はじめてのGTD　ストレスフリーの整理術』をもとに筆者作成）

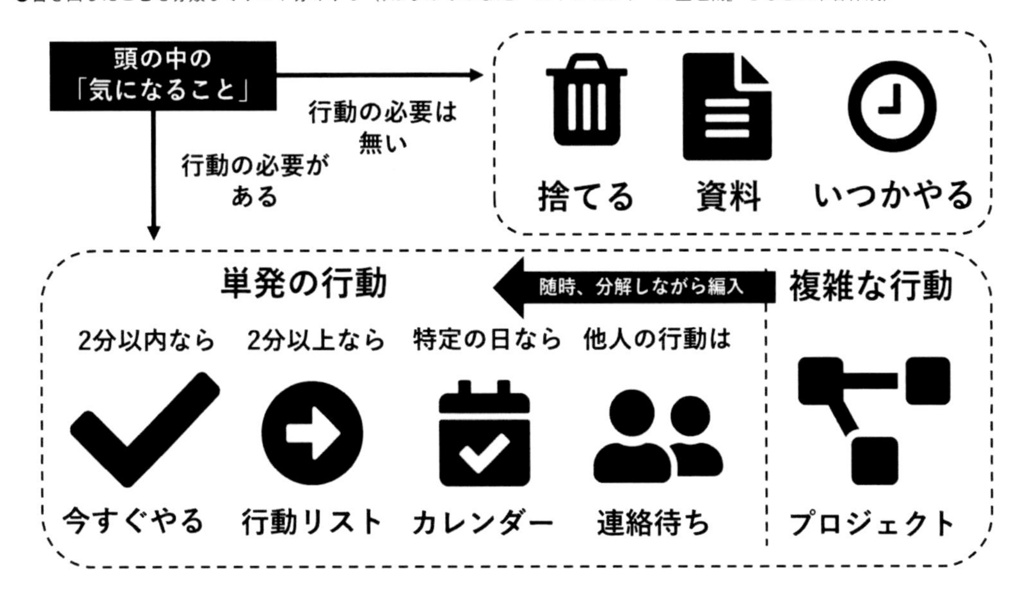

《行動の必要は無い》

・行動の必要が無いし、自分にとって意味もない（例：不要な郵便物、ゴミ）→　その場で捨てる
・行動の必要が無いけど、資料的価値はある（例：連絡先情報、ニュース）→　「資料」に分類
・いま行動する必要は無い。でも後でやりたい（例：資格の勉強、作りたい曲）→　「いつかやる」に分類

《行動の必要がある》

・複雑な行動　→「プロジェクト」に分類したうえで、単発の行動を考える
（例：プロジェクト「ライブに出演する」→単発の行動「会場の下見」「練習するためのスタジオ予約」など）
・単発の行動で、2分以内にできる（例：対バン相手をネットで調べる）→　その場でいますぐやる
・単発の行動で、2分以上かかり、いつでもできる（例：ギターの弦を替える）→「行動リスト」に分類
・単発の行動で、2分以上かかり、特定の日にやる（例：チケット発売の告知）→「カレンダー」に分類
・単発の行動で、他人の行動待ち（例：バンドメンバーの日程調整待ち）→「連絡待ち」に分類

「A. 収集」と「B. 見極め」にはかなりの時間がかかりますが、この過程でゴミがばっさり捨てられるほか、2分以内に実行できる小さなタスクが全部片付けられ、いま抱えているタスクや、やるべきことがことごとく洗い出されるためで、頭がスッキリとした気分を味わえます。

◆C. 整理（リスト分けしたものを、手帳やアプリに転記する）

「B. 見極め」でリスト分けしたものを物理的な収納やアプリ上で分類します。ポイントは、なるべく普段使っているシステムとなじむようにすることです。普段手帳をメインに使っている方は、無理にスマホのカレンダーアプリを使い出す必要はありません。ここで初回の作業は終了となります。

・**「資料」**：紙のファイルは収納箱やクリアファイル、データはフォルダ分けやEvernote上で分類を行う。
・**「いつかやる」**：Evernoteのノートブックにリストとして記録する。
・**「プロジェクト」**：同上。締切日も書いておくとわかりやすい。
・**「連絡待ち」**：同上。納期を過ぎたら「催促する」を「行動リスト」に加えていく。
・**「行動リスト」**：頻繁に入れ替わる項目のため、紙の場合はふせん、アプリの場合はToDoリストのアプリを使うとスムーズ。この際、「家の中」「職場・学校」「外出中」「作業用パソコン」「スマホ」など、「どこで行動するか」という場所ごとに細かく分類すると後々役に立つ。
・**「カレンダー」**：手帳もしくはカレンダーアプリ。日付機能つきのToDoリストアプリでもよい。

◆D. 実行（転記した行動を実行する）

1週間、「行動リスト」と「カレンダー」に書かれた単発の行動をひたすら実行します。やることは目の前に全部書かれていますから、あとはもうやるしかありません。状況や体調に合わ

せて最適だと思うものを選ぶだけです。

この際、すでに述べた「作業時間の見積もり」ができていると楽です。また適宜「プロジェクト」から次に行うべき単発の行動を考えて、「次の行動」に組み入れます。

◆E. 見直し（以上のことを、一定期間ごとに定期的に見直す）

毎週末に1〜2時間ほどかけて「A. 収集、B. 見極め、C. 整理」を再実行し、システムを状況に応じて常にアップデートしていきます。

筆者がGTDを特に好きな理由は2つあります。

1つめは、**「今やらなくてもよいことは全部『いつかやる』に分類する」**という潔い分類方法です。これにより、「①抱えているタスクがどれくらいの量なのかを把握する」だけでなく、「④やるタスクとやらないタスクを決める」の7割くらいも決められるからです。

もうひとつは、**「未整理のものを作らない、作っても『INBOX』を見れば全部見渡せる」**という思想が徹底していることです。

筆者は、いろいろなものにINBOXの役割を担う場所を作っています。例えば、ニコニコ動画で未視聴の曲だけを入れておくためのマイリスト（デフォルトを「登録が古い順」にしておいて、連続再生で消化する）や、パソコン上で未整理のファイルだけを入れておくフォルダなどです。本棚も、1列だけ「まだ読んでいない本を入れておく専用のスペース」を用意します。

これを週1回（ものによっては月1回、または数か月に1回）のタイミングで整理します。言うなれば、常に「小掃除」をしておくことで、追い込まれたときの節目に大掃除をしなくてよい、という思想ですが、面倒に思うこともあります。

でも面倒ということは、「そもそもこんなに情報、仕入れる必要はないよね」という情報過多のサイン、自分の処理能力の限界も示しています。そんなとき、メールマガジンを解約したり、音源の購入を買い控えるという行動につながっていけるわけです。

もしかしたらGTDを実行した結果、いつまでも「曲を作る」が「いつかやる」リストに居座る人もいるかもしれません。そうなってしまった場合は、本書としては曲作りの魅力を伝えるという目的に力が及ばず無念といったところですが、それも自分のやりたいことがはっきりとした結果ですから仕方のないことです。

■時間管理のポイント②　時間をいまどれくらい使えるのかを把握する

21時に帰宅してから2時に就寝というスケジュールの場合でも、5時間をまるまる行動に使えるわけではありません。食事や入浴など定例的なものもあるほか、割り込み要素も頻繁に発生するでしょう。

そこで、1日に使える実時間を把握するために、数日間、起きてから寝るまでの行動をひととおり記録する、ということをやってみるとよいと思います。
手帳とペンでも、スマホにメモをとる形でもかまいません。記録に特化した無料スマホアプリも多数発表されていますので、「ライフログ アプリ」などの言葉で検索してみてください。

■時間管理のポイント③　作業にだいたいどれくらいの時間がかかるのかを把握する、見積もる

②「時間を今どれくらい使えるのかを把握する」とも共通するところもありますが、過去の作業で似たようなことをしていて、その時間がどれくらいなのかが分かっていれば、未来のタスクにかかる時間の見積もりもしやすくなります。

①「抱えているタスクがどれくらいの量なのかを把握する」で「プロジェクト」と「行動リスト」それぞれのリストを作っていますので、少し手間はかかりますが、あるプロジェクトに要した行動の時間をすべて累計していけば、似たようなプロジェクトにかかる時間も大体わかることになります。

1つのタスクを見積もって、3時間以上かかるようであれば、さらに細かく分解してよいでしょう。3時間以上かかりそうなタスクがToDoリストに並んでいると、それだけで手を付ける気を失います。一度に集中できる時間はそれくらいが限界だと思います。

有料となりますが、筆者は②と③の両方の時間把握に「TaskChute Cloud」(https://taskchute.cloud) というWebサービスを使っています。

ToDoリストの一種ですが、すべての作業で「開始時間」「終了時間」を記録させるのが特徴です。それゆえに、自分自身の作業にかかる時間を嫌でも認識させられることになります。

しかもこの作業時間を元に、毎日や週一回実行する「ルーチン」を登録できるため、筆者は「起床直後の支度」や「昼食」などの日常的な行動も全部ここにタスクとして登録してしまっています。結果、一日にどのように時間を使うか全てわかるようになるというわけです。

最初は入力にとても煩わしさを感じるのですが、慣れてくると自分をコントロールできているという不思議な感覚が湧いているWebサービスです。

● 「TaskChute Cloud」の画面

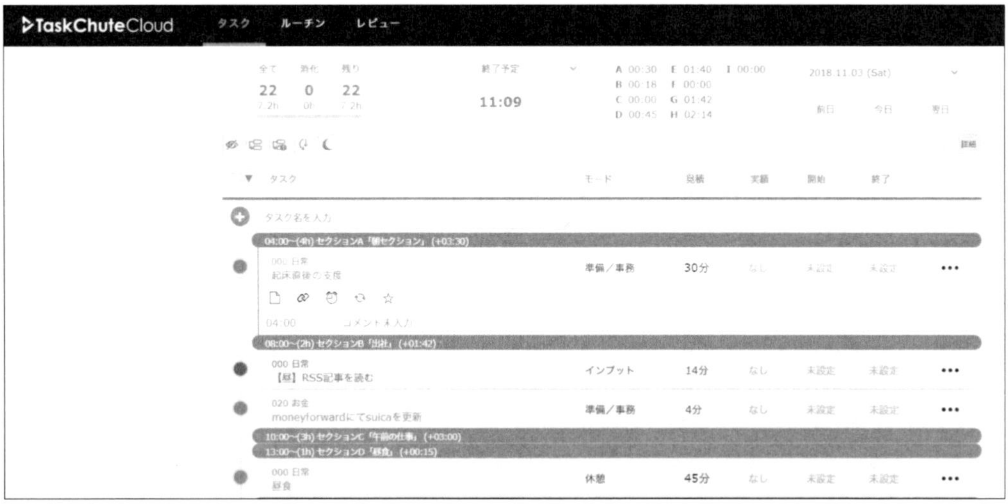

次の図は、「作曲に必要な時間を把握するための実績管理表」です。この表は、1曲の完成というプロジェクトにどれくらいの時間がかかるかを把握できるように、作曲に必要なタスクを分解したものです。作りながら記録することで、進捗の目安にも使えると思います。コピーしてご活用ください。

●作曲に必要な時間を把握するための実績管理表

作曲に必要な時間を把握するための実績管理表

曲名

(A)作品コンセプト決定	分	(B)タイトル決定	分
(C)歌詞アイデア出し	分		

	作詞	作曲		編曲							①②③④⑦⑩の合計
	①	②	③	④	⑤	⑥	⑦=⑤×⑥	⑧	⑨	⑩=⑧×⑨	
	作詞	メロディ	コーラス	調声	手間のかかる楽器	楽器数	小計	手間の少ない楽器	楽器数	小計	合計
イントロ					分	個	分	分	個	分	分
1Aメロ	分	分	分	分	分	個	分	分	個	分	分
1Bメロ	分	分	分	分	分	個	分	分	個	分	分
1サビ	分	分	分	分	分	個	分	分	個	分	分
間奏					分	個	分	分	個	分	分
2Aメロ	分	分	分	分	分	個	分	分	個	分	分
2Bメロ	分	分	分	分	分	個	分	分	個	分	分
2サビ	分	分	分	分	分	個	分	分	個	分	分
間奏					分	個	分	分	個	分	分
2Cメロ	分	分	分	分	分	個	分	分	個	分	分
3サビ	分	分	分	分	分	個	分	分	個	分	分
アウトロ					分	個	分	分	個	分	分
	分	分	分	分	分	個	分	分	個	分	分
	分	分	分	分	分	個	分	分	個	分	分
	分	分	分	分	分	個	分	分	個	分	分
全体微調整	分	分	分	分	分	個	分	分	個	分	分
ミックス	分	分	分	分	分	個	分	分	個	分	分

(E)マスタリング	分

(D)合計	分

楽曲制作時間＝(A)+(B)+(C)+(D)+(E)＝　　　　分

■時間管理のポイント④　上記の情報から、やるタスクとやらないタスクを決める

こうして見積もられた時間を参考にしながら、「カレンダー」に書かれたスケジュールと「行動リスト」を消化していきます。

ただし、1時間で1工程進められる能力があったとしても、普通は、5時間で5工程は進みません。100メートルとフルマラソンは別のものです。さらにたいていの場合、見積もり時間よりも実績時間は長くかかります。そのため予備日を1週間に1日作っておくと、不測の事態や割り込みが発生した時に安心です。

厄介なのは、曲作りという長い集中を要求される作業は、1時間だけ空いたというときに1時間だけではやりたくないという心理が働くことです。できれば長期間取り組める時間をもってやりたいところです。そのため、趣味においては、事務作業をする日（打ち合わせ、ロゴデザインなど）と曲作りに専念する日を完全に分けてしまうのは作戦の1つかもしれません。

創作活動は時間をかければかけるほど本人の満足度は上がっていきます。しかし人間が持てる時間は有限だということは、ここまでの過程で身をもって実感したかと思います。どこかで区切りをつけなければなりません。自分でいくらクオリティを高めたと思っていても、他人に共感してもらえるかどうかは、また別の話です。見積もった時間を大幅に超えてしまった場合、ある程度のところで妥協する必要があります。

『スタンフォードの自分を変える教室』（ケリー・マクゴニガル著、だいわ文庫刊）という本があります。でも「これをやればすぐ変わるよ！」というような胡散(うさん)臭い内容は書かれていません。「やりたい事があるなら結局やるしかない。でも、人間心理的にこういう場面だとやりとげる意志が弱くなるから、気をつけてね」ということを延々説明される本です。

この本で一番印象に残るのは、**「人間は先のことを楽観視してしまう生き物なので、未来の自分がやってくれると思ったら大間違いだ！」**という趣旨のくだりですね。現実を直視させられるとても残酷な本ですが、とても気に入っている本のひとつです。

当たり前だと思うことを、当たり前にできない自分に絶望しそうになります。しかし同じことは人類全員がそう思っているに違いありません。ぜひ時間やタスクを適切に管理できる術を身につけて、自分のやりたいことを納得しながら選べる人になれるように、一緒に頑張っていきましょう。

6-8　DTM活動に役立つサイトの紹介

曲作りに関する情報そのものはネット上に数多く存在しますが、あまりに情報が多すぎるので検索しようとしてネットの海に迷い込んでしまった方もいらっしゃるかもしれません。この節では、そのような方々のために先人の知恵へ辿り着くための支援を目的として、私が実際に読んで役立てているサイトや動画をいくつか紹介いたします。

■DTM学習・体験サイト

◆Ableton「Learning Music (Bata)」

https://learningmusic.ableton.com/ja/

特にダンスミュージックの制作に強みを持つDAW「Live」の開発元であるAbletonが提供する、実際に手を動かしながら曲作りを学べるサイトです。

リズムパターンの作り方から、ビートとテンポの説明、名曲をもとにコードやメロディの紹介をするなど、豊富なコンテンツが取り揃えられており、これらを順番に体験していくことで自然と曲の作り方を身につけられるようになっています。レッスン中に作ったパターンをLiveに書き出すこともできます。これらをすべて無料で体験できることが驚きのレベルです。

◆Google「Chrome Music Lab」

https://musiclab.chromeexperiments.com/

Googleが公開している、音楽を気軽に体験して楽しむためのサイトです。

コンテンツのひとつ「SONG MAKER」は簡易DAWとなっており、数種類あるメロディ用とリズム用の楽器をひとつずつ組み合わせて数小節の曲を作ることができます。作った曲はそのままSNSにシェアすることも可能です。

他にも、マウスでなぞった線をメロディとして奏でたりなど、楽しいコンテンツが多く、親しみやすいデザインで子供にも楽しめると思います。

◆「Sleepfreaks」

https://sleepfreaks-dtm.com

https://www.youtube.com/user/sleepfreaks（YouTubeチャンネル）

DTMのオンライン個人レッスンを提供する会社が運営しているサイトです。無料で公開している学習記事や動画がすさまじい分量で充実しており、日々追加され続けています。

特に得意とする分野は、個別の機材やソフトの使い方に関する記事です。動画を交えつつ、DAW

の操作方法やソフト音源の音作りの方法が丁寧に解説されています。初心者には「GarageBand」や「Studio One」の操作方法が役に立つでしょう。

需要が多い定番商用ソフトを多く取り上げているのが中～上級者にも非常にありがたく、高速ロックでよく使われるドラム音源「Addictive Drums」や、音源セット「KOMPLETE」に収録されている各種音源、エフェクターセットの定番「WAVES」を使ったミックス方法などはとても重宝します。

◆ピアプロスタジオ「作曲講座」

http://piaprostudio.com/?cat=34

「Piapro Studio」とDAW「Studio One」を使用し、8小節の楽曲を完成させる過程を連載している、Piapro Studioの公式講座です。

この講座では、1つの曲を順を追って作り上げる過程を確認できます。「テンポを設定する」に1回分の記事を費やすなど、丁寧に解説されています。第7～10回では、先に作ったメロディからコードを考える方法が紹介されていますので、3-4「作ったコード進行にメロディを載せる」の中で紹介した「先に思いついたメロディに、後追いでコードをつける場合」の実例としてご覧ください。第12回からは編曲、第22回からはミックスについて取り上げています。

◆一ノ瀬武志氏「作曲法サポートページ」

http://hp.vector.co.jp/authors/VA007711/

インターネット黎明期の趣を持つ非常にシンプルなサイトですが、作曲・編曲のための硬派な音楽理論やノウハウ、音楽史が山ほど掲載されており、書籍数冊分に相当する知識が得られるおすすめサイトです。特にメインとなる「作曲法 5.01」のページは、コード進行のしかたとそれに載せるメロディの作り方をみっちりと学ぶことができます。

なおこのページは、元はページ作者の方が制作した「作曲法」というフリーソフト（http://www.vector.co.jp/soft/win95/art/se048457.html）の文字通りのサポート用ページでした。現在ソフトのほうは開発を停止されていますが、Windows 95時代に作られたかなり古いソフトながらも、筆者のWindows 10の環境ではXP互換モードで動くことを確認しています。

実際に音を鳴らしながらコード進行やメロディの書き方の学習ができるソフトで、私はこのソフトでコード進行のかなりの部分を覚えたと言っても過言ではありません。第3章で書いたコード進行・メロディの載せ方についても、このソフトで私自身が学んだことを自分なりに噛み砕いて書いたものです。

■DTMニュースサイト

◆「Computer Music Japan」

https://computermusic.jp

個人が運営するDTMニュースサイトです。音源やエフェクターなどの特別セール情報のキャッチアップがとても早く、このサイトを定期的にチェックしているか否かで出費が大きく変わるといっても過言ではありません。

◆「藤本健のDTMステーション」

http://www.dtmstation.com

DTM系ライターの第一人者ともいえる藤本健さんによる記事が多数まとまっています。作曲方法そのもののノウハウは少ないのですが、DTMという趣味の敷居を下げるためのさまざまな知識、製品情報レポートが掲載されています。特に新製品の使用感のいち早い紹介記事には定評があります。

◆「ICON」

http://icon.jp

こちらも定番のDTMニュースサイトのひとつです。新製品の情報に関して特に強みを持っており、かなり長文で音楽機材の開発者インタビューが掲載されることもあります。Twitter（https://twitter.com/ICON_jp）の更新頻度も高く、VOCALOIDに関するニュースやツイートも充実しています。

DTM関連のニュースサイトはRSSリーダーなどに登録しておいて、常に最新の記事をチェックできる状態にしておくといいと思います。

■その他のサイト

◆「ChordWiki」

https://ja.chordwiki.org

J-POPやアニメソング、ボカロ曲などを、ユーザーが独自にコードを解析して歌詞とコード譜を共有する、コード進行付きの「初音ミクWiki」（https://www5.atwiki.jp/hmiku/）とでも言うべき存在です。たまに間違っているのもありますが、おおむね正確です。

有名曲のコード進行を知ることで、自分の曲作りにも生かしたり、アレンジにも役立ったりします。拙作のアレンジメドレー「みくみく動画五年祭」（sm18757396）の制作にあたっては、このサイトにかなりお世話になりました。

◆「freesound」

https://www.freesound.org/

一般ユーザーが録音・アップしている効果音や声ネタなどをダウンロードできる海外のサイトです。利用条件はユーザーによっても異なりますが、商用目的でもクレジットさえ表示すれば利用できるものが多くあります。ダウンロードには会員登録が必要です。

■動画紹介

◆菩薩P「初心者のための作曲講座」シリーズ

http://www.nicovideo.jp/mylist/4951574

ニコニコ動画における作曲講座として代名詞的に語られている、菩薩Pによる作曲講座シリーズです。第1作（sm2161286）は「ニコニコ音楽科」タグで最多マイリスト数を誇り、これらのシリーズで作曲をマスターしたボカロPの楽曲には「菩薩P教え子リンク」というタグが作られるほど熱い支持を得ています。

第1作に関しては本書の「コード進行」「メロディ」よりも簡単なところから入るので、非常に理解しやすいと思います。

◆あかりp「ちびミクの簡単なDTM講座」シリーズ

http://www.nicovideo.jp/mylist/10973114

こちらはコードやメロディからどんどん伴奏やコーラスを作っていくという、どちらかといえば編曲寄りの解説です。ピアノ1本＋ボーカル1本のみという状況から脱出して、曲らしい曲を作っていくためのやり方が解説されています。

4本全部を見ても10分そこそこのコンパクトな講座ではありますが、得られるものは大きいと思います。

◆オワタP「楽曲解説プレイ」シリーズ

http://www.nicovideo.jp/mylist/3236873から「解説プレイ」でページ内検索

オワタPによる、「リンちゃんなう！」（sm16539814）や「アンチクロロベンゼン」（sm12154467）など、自身の楽曲を、主に楽器ごとのパートに分解して、1曲を最初から最後まで自ら解説していくというシリーズです。

作曲に使うトラック数は作者によっては数十あることも珍しくはありませんが、氏の楽曲はボーカルを含めても十数トラック前後と、パートが比較的少なめですので、多少用語が分からない初心者にも追いかけていけるかと思います。

構成の技術や、ここは工夫したというところにも触れられており、「曲を魅せる方法」について学べるという貴重な資料です。ここで解説されている各種用語が普通に分かるようになれば、だいぶ成長した証拠です。

◆Tamachang & isshy「ボーカロイドに肉体を与える調教戦略」

http://www.youtube.com/watch?v=HB00GMMAhLw

2013年6月に開催されたファンイベント「世界ボーカロイド大会」内で、夫婦で音楽制作を行っている「Tamachang」氏と「isshy」氏が担当したワークショップの様子を記録した動画です。人間の耳や声帯、感情に伴う音程の変化などの特徴を踏まえたうえで、それをVOCALOIDの調声に活かすという一連の考え方を解説しています。

75分（うち本編は60分前後）と長い動画ですが、お二人の解説・トークが面白くて引き込まれるので、一気に見られると思います。動画内で使用しているPowerPointや、VOCALOIDエディタで読み込める調声ファイルなどの参考資料は、ご本人のブログ（http://tamachang.blogspot.jp/2013/06/2013.html）内で公開されています。

◆VOCALENDAR「ボカロ未来予想トークセッション」

https://www.youtube.com/watch?v=OOTVxXELR4w（PART1）

2016年10月開催のファンイベント「VOCACON2016」内で、VOCALOID関連のスケジュールをまとめた同名のカレンダーサービスとアプリを公開している「VOCALENDAR」（http://vocalendar.jp）が主催したトークセッションの模様を記録した3本立ての動画です。

産業技術総合研究所の後藤真孝氏・梶田秀司氏、SF作家の野尻抱介氏がゲストとして登壇し、2時間近くにわたってそれぞれの立場から「10年後（2026年）のボカロシーン」「死ぬまでに見てみたいボカロシーン」「X00年後のボカロシーン」というテーマで議論を行った様子が展開されています。

ロボット工学などの技術的なテーマから、音楽とは何か、感動とは何か……といったような哲学の領域にまで切り込む内容で、非常に刺激を受けるものになっています。

6-9　DTM活動に役立つ商業系書籍の紹介

サイト・動画に続いては、DTM・VOCALOIDによる音楽活動に役立つ書籍を紹介します。書籍の利点として、当たり前ですが「書籍である」ということがあり、手元で参照しながらパソコンの画面でDAWを開いて作業できるのは重要なことです。情報がバラバラになったりもしませんからね。

■書籍紹介

ここでは、筆者が実際に購入し、実際に役立てたり、影響を受けた書籍を紹介します。何年か前のものが多いので、新品が存在しないものはネットで中古本を探してみるなり、電子書籍になっているかどうかを確認したり、大きめの図書館をあたってみるとよいと思います。

◆『15秒でわかるコード進行160』

関口誠人著、リットーミュージック刊、2002年（新装版は2015年）

【作曲】【初心者～中級者向け】【Kindle版あり（Unlimitedの対象）】

この書籍で紹介されているコード進行は、本当にそのまま使えるのでおすすめです。

4小節～8小節分のコード進行160個を紹介していますが、そのうち40個については、1個見開き2ページで「イメージイラスト、このコード進行が使われているヒット曲、次に来る4小節、このコードが似合うテンポや部分（メロかサビか）」などという情報とともに掲載されています。

例えば「C→C→E7→Am」（I→I→III（7th）→VI）のコードは、「普通に道を歩いていたら、突然の事故に見舞われ、みんなが悲しんでいる」という具合に紹介されています。コードに関する理論解説はほとんどなく、イメージや雰囲気を重視して曲を作ることが重要視されています。なおギター譜が掲載されておりギターで弾くことを前提にした書籍ですが、コード自身はピアノ曲などにも流用できます。どんどんDAWに打ち込んで試してみましょう。

◆『クラブ・ミュージックのための今すぐ使えるコード進行＋ベース＆メロディ』

堀越昭宏著、リットーミュージック刊、2012年

【作曲】【編曲】【初心者～上級者向け】【Kindle版あり】

ずばり、本当に「コード進行」のみに特化した書籍で、掲載されているコード進行をそのまま使う、または、少しアレンジすることですぐに自分のオリジナル曲に活用できる内容です。

冒頭に音楽理論の解説があり、その後は、40個のコード進行を1個につき4ページを割いて順番に説明しています。各コードごとにどんな音楽ジャンルが似合うか、どんな雰囲気を出せるコードかという説明と、ボイシング（編曲のコーナーで説明した、コードの構成音を重ねること）、ベース、メインメロディの一例がピアノロールを使って図示されているので、編曲を学ぶのにも役立ちます。

すべてのコードが4小節で最初にループするようになっているので、これを延々とループさせて、各種楽器を展開に合わせて足し引きすることで、クラブミュージック風の音楽が作れるという趣旨の本となっています。

付属のCD-ROMには、紹介している各コードを鳴らしたサンプル音源のほかに、なんとMIDIファイルも用意されており、これをDAWに読み込ませることで手持ちの音源で音を確認することもできます。どちらかというと参考書というよりは、「素材集＆アイデア集」という側面が強いかもしれません。コードの基本を覚えたばかりの方から、即戦力の素材やアイデアがほしい上級者まで役に立つ書籍だと思います。

◆『ヌノサトルの甘い作曲講座』

ヌノサトル著、リットーミュージック刊、2001年

【作曲】【編曲】【中級者向け】

音楽理論にあまり深入りしすぎない中で、即戦力になる和音の作り方や、メロディの書き方を、ユーモアを交えながら軽妙に解説している本です。

また、コードやメロディだけではなく、1曲を通した構成についての話もそれなりに分量を割いて解説しています。

まったくの初心者が手に取ってもついていけない可能性はあるのですが、そろそろ初心者を脱出するというレベルで、「何曲も書いたけど似たような曲調や展開が増えてしまった……」という方が読んでみると曲作りの幅が広がると思います。

◆『音圧アップのためのDTMミキシング入門講座！』

石田ごうき著、リットーミュージック刊、2014年

【ミックス】【初心者〜上級者向け】【Kindle版あり】

主に音圧を上げることを目的に、ミックスの初歩から解説している本です。

最初はエフェクターを使わずにボリュームの調節だけでミックスを進めていく解説があるのですが、その部分だけで24ページと非常に丁寧な説明がなされています。楽器ごとにどのようなミックスを行えばいいのか、図を用いた解説が多数あり、わかりやすいです。

中盤以降はEQとコンプレッサーを使ったミックスについて触れていますが、「何ヘルツの部分を上げるとこういう効果が出る」などの説明が細かいので、中級者以上の方にも参考になる

部分がとても多いです。

紙の本に付属しているDVDには、サンプル楽曲のお手本ミックスと、その曲の各パートのWAVファイルが収録されているので、ミックスの練習に役立ちます。

◆『ボーカロイド公式 調教完全テクニック』

虹原ぺぺろん著、ヤマハミュージックメディア刊、2013年

【調声】【初心者〜上級者向け】

さまざまなVOCALOIDにおいて、非常に高いクオリティの調声を伴った楽曲を発表している虹原ぺぺろん（OzaShin）氏による書籍で、VOCALOIDエディタ「VOCALOID3 Editor」上で操作することのできるパラメータの項目ごとの解説と、よりうまく歌わせるためのケースごとのテクニックの紹介がされています。

特定のVOCALOIDライブラリではなく、VOCALOID全般で汎用的に使えるような内容で、どのVOCALOIDを買っていても応用できるものとなっています。付属のCD-ROMに調声データのファイルやサンプル楽曲などが収録されており、実際に手元でVOCALOIDエディタを操作しながら確認できるのも魅力です。

長く活動をしているボカロＰであっても、VOCALOIDエディタのパラメータを全部は試さずにあいまいなまま放置しているケースは少なからず存在しますので、中級者以上にも役立つ内容となっています。100ページに満たない書籍ではありますが内容は非常に濃く、VOCALOIDの調声ならばこの本を買っておけばまず間違いありません。

◆『作詞・作曲ドリル本』

遠藤幸三・野口義修著、シンコーミュージック刊、2013年

【作詞】【作曲】【初心者〜上級者向け】

タイトル通り、与えられた課題をこなすドリル形式で章が進行し、作詞と作曲に必要なテクニックを徐々に身につけていくという、新しいアプローチの学習書です。

例えば、「明らかに歌詞として間違っている点が含まれている歌詞を見て、その間違いを探す」「与えられたキーワードに、普通なら組み合わさることのない言葉を加えて、独自のフレーズを作る」「指示に従ってメロディをサビらしく盛り上げるものに書き直す」などの問題が用意されています。

解答に付随する解説も豊富な量が用意されているのですが、単にテクニックを修得するだけでなく、それを使いこなすための心構えも重要であるという作者の思いも伝わってくる内容です。なにせ最初の問題が「この曲を聴いて、メロディと歌詞の良いところを5つ以上挙げよ」という内容なのです。創作に携わる者は、他人の作品を肯定し、尊敬する気持ちを持とうというメッセージを感じます。

「作詞なんて文字を書くだけだから、わざわざ勉強する必要とか感じないんだけど……」と思っている方こそ、この本の内容は必見です。

◆『漫画で使えるストーリー講座100』

榎本秋監修、エムディエヌコーポレーション刊、2016年

【作詞】【初心者〜上級者向け】

持ち込みや賞に応募する読み切り漫画を描く漫画家志望の人を主なターゲットとして、あらすじ（プロット）のアイデアを100個並べた本ですが、第4章で解説した物語的歌詞を作る際にも「種」となるアイデアが詰まっている本だと思います。

「物語を動かすには事件が必要」「イメージを逆転させる」「勢力図を複雑にする」など、あらすじ一つ一つにテーマが設定され、その効果を味わえるようになっています。また各あらすじの紹介ページに、その面白さの構造を図で示しているのがこの本の良いところで、その構造を頭の片隅に置いておくことがオリジナル曲の歌詞を魅力的に輝かせるヒントになることでしょう。

◆『ボーカロイド現象』

スタジオ・ハードデラックス編、PHP研究所刊、2011年

【読み物】【初心者〜中級者向け】

2010年までのVOCALOID周辺の文化およびビジネスとしての歴史や動向について、その概要を一通り押さえることができる本です。

雑誌『VOCALOIDをたのしもう』シリーズや、ボカロ小説の編集などを手がけるスタジオ・ハードデラックスですが、取引先・業界人からVOCALOIDについて「ライブステージの出演交渉をしたいので所属事務所を教えてほしい」という笑い話のような問い合わせもいくつかもらったそうで、それがこの本を出すきっかけになったそうです。

ボカロPなどのクリエイターではなく、VOCALOIDに関わる企業関係者のインタビューを中心に編集しているところに特徴があり、企業がこのVOCALOID周辺の社会現象をどのように捉えているかというところが見えてくる書籍です。EXIT TUNESの担当者など、かなりレアなインタビューもあります。

◆『初音ミクはなぜ世界を変えたのか？』

柴那典著、太田出版刊、2014年

【読み物】【初心者〜上級者向け】【Kindle版あり】

音楽ライターである著者の柴那典氏の知識を元に、「サマー・オブ・ラブ」などの過去の音楽ムーブメントとVOCALOIDを取りまく動きを結びつけるなどの分析をされており、音楽に対

する熱量が文章から伝わってくる本です。

現在刊行されている商業系書籍としては、最も初音ミク・VOCALOIDの歴史や文化に切り込んだ本のひとつと言えるでしょう。最終章のクリプトン・伊藤社長インタビューも必見の内容となっています。

◆『ボーカロイド音楽の世界 2017』

しま・小林拓音編、Pヴァイン刊、2018年

【読み物】【初心者～上級者向け】

初音ミクの発売10周年という2017年のボカロシーンはどのようなものであったかを、主にシーンの内部にいるリスナーやボカロPが語った評論・ガイド本です。商業系書籍では『初音ミクはなぜ世界を変えたのか？』以降のボカロシーンを語るものは希少な存在ですので、最近の動向を知るにはいい本かと思います。

初音ミク10周年のトピックや、2017年にリリースされた楽曲のレビューが充実しています。特に楽曲紹介についてはかなりマニアックな方面に触れており、VOCALOIDを使用した音楽の果てしない可能性に驚かされます。

筆者アンメルツPも「鏡音リン・レン10周年のトピック」にて寄稿参加しております。

あとがき

2017年に、初音ミクが発売10周年を迎えました。

2005年に初めてVOCALOIDの声を聴き、初音ミク発売の翌年となる2008年から本格的にボカロPとして活動を始めたところから思えば、本当に遠くの世界までやって来たという実感がしみじみと湧いてきます。

VOCALOIDは絵師さん・歌い手さんら創作を行う方や、リスナーの方など、現在も交流があるたくさんの方との出会いをもたらしてくれました。コンピレーションCDの企画をすることも、メジャー発売のCDに収録される楽曲に関わることも、もちろん「専門の音楽教育を受けていない者が、音楽制作のハウツー本を一般流通で書く」などというチャンスも、VOCALOIDとの出会いがなければ存在しなかったことでしょう。ボカロPの活動を通じて制作したWebサイトの制作技術が評価され、Webデザイナーとしての仕事につながったこともありました。VOCALOIDは、私の可能性を広げてくれる、とても大切な存在です。

VOCALOIDに詳しいとされる人の間で行われる定番の議論に「VOCALOIDは発展しているのか衰退しているのか？」というのがあります。確かに5〜10年前に比べると、ニコニコ動画における新曲の再生数が減っているのは実感としてあります。しかし、本書を読み進めてきたあなたなら、「3〜4分の長さのボカロオリジナル曲をニコニコ動画に投稿する」だけがVOCALOIDによるDTMの楽しみ方ではないことは既におわかりかと存じます。作るのはスマートフォンの着信音でもいいし、子守唄でもいいし、送別会の歌でもいいんです。

私がボカロPとしての活動で最も嬉しかったことのひとつとして、メジャーCDへの参加や本の出版と並ぶ出来事が2016年にあり、それはVOCALOID関係で長年お世話になっている友人の結婚記念パーティーに私の曲を使用して頂いたことでした。しかも動画を公開していない、CDアルバムだけに収録している曲を気に入って頂き流して頂いたのです。

曲作りという行為を通じて、自分自身や大切な誰かの今や明日がちょっとだけ楽しくなる。趣味を楽しむというのは、元来そのようなものなのではないでしょうか。

音楽というのは人の記憶に特に強く働きかける芸術であるという話はよく聞きます。とりわけ若い頃に聴いた曲は思い出として永遠に残り、年をとっても大事にする傾向があります。

VOCALOID曲を聴いて育った若者が、これから生まれてくるような技術で、音楽を通じて新たな思い出を築いていくのが楽しみでなりません。

この10年間で「みんなのもの」になったVOCALOIDという存在が、さらに「みんなが使いこなすもの」になればいいなと思います。

最後になりましたが、本書を発行する貴重な機会をくださり、発行に向けて尽力を頂いたインプレスR&D NextPublishingセンターの皆様、前書に引き続き表紙イラストを執筆頂いた夕凪ショウさん、その他さまざまな形で本書の発行にあたってお手伝いいただいた皆様、そして本書を手に取っていただいた全ての皆様に、心より感謝申し上げます。ありがとうございました。

2018年11月4日　gcmstyle（アンメルツP）

G.C.M Recordsについて

「G.C.M Records」は、著者gcmstyle（アンメルツP）による同人音楽サークルです。サークルのWebサイト（https://www.gcmstyle.com）にて、新曲の投稿や企画発表などの活動報告、作品通販のご案内、DTM機材・ソフトのレビューなどの情報を発信しております。

著者紹介

gcmstyle（アンメルツP）（じーしーえむすたいるあんめるつぴー）

VOCALOIDと音楽の持つ可能性を追いかけているボカロP。
1990年代J-POPや、音楽ゲーム『beatmania』シリーズの影響を受け育つ。
2002年よりDTMを始め、2008年に動画サイトへの投稿を開始。
オリジナル曲・カバー曲など、これまでに100以上の動画を投稿、
2008年より11年連続で10,000再生以上の動画作品を生み出している。
作曲活動のほか、コンピレーションCDの企画や文筆活動などを通じ
VOCALOID文化全体への貢献を目指して活動を行っている。

◎本書スタッフ
アートディレクター/装丁：岡田 章志＋GY
編集：向井 領治
デジタル編集：栗原 翔

●本書の内容についてのお問い合わせ先
株式会社インプレスR&D　メール窓口
np-info@impress.co.jp
件名に「『本書名』問い合わせ係」と明記してお送りください。
電話やFAX、郵便でのご質問にはお答えできません。返信までには、しばらくお時間をいただく場合があります。なお、本書の範囲を超えるご質問にはお答えしかねますので、あらかじめご了承ください。
また、本書の内容についてはNextPublishingオフィシャルWebサイトにて情報を公開しております。
http://nextpublishing.jp/

●落丁・乱丁本はお手数ですが、インプレスカスタマーセンターまでお送りください。送料弊社負担に てお取り替えさせていただきます。但し、古書店で購入されたものについてはお取り替えできません。
■読者の窓口
インプレスカスタマーセンター
〒 101-0051
東京都千代田区神田神保町一丁目 105番地
TEL 03-6837-5016／FAX 03-6837-5023
info@impress.co.jp
■書店／販売店のご注文窓口
株式会社インプレス受注センター
TEL 048-449-8040／FAX 048-449-8041

ボカロビギナーズ！ボカロでDTM入門 第二版

2019年1月25日　初版発行Ver.1.0（PDF版）

著　者　gcmstyle（アンメルツP）
編集人　桜井 徹
発行人　井芹 昌信
発　行　株式会社インプレスR&D
〒101-0051
東京都千代田区神田神保町一丁目105番地
https://nextpublishing.jp/
発　売　株式会社インプレス
〒101-0051　東京都千代田区神田神保町一丁目105番地

印刷・製本　京葉流通倉庫株式会社
Printed in Japan

ISBN978-4-8443-9891-2

NextPublishing®

●本書はNextPublishingメソッドによって発行されています。
NextPublishingメソッドは株式会社インプレスR&Dが開発した、電子書籍と印刷書籍を同時発行できるデジタルファースト型の新出版方式です。 https://nextpublishing.jp/